Eficiencia energética en las instalaciones de iluminación interior y alumbrado exterior

Víctor García Márquez Robledillo

Juan González Jiménez

Joaquín González Pérez

ic editorial

Eficiencia energética en las instalaciones de iluminación interior y alumbrado exterior
© Víctor García Márquez Robledillo
© Juan González Jiménez
© Joaquín González Pérez

1ª Edición

© IC Editorial, 2025

Editado por: IC Editorial
c/ Cueva de Viera, 2, Local 3
Centro Negocios CADI
29200 Antequera (Málaga)
Teléfono: 952 70 60 04
Fax: 952 84 55 03
Correo electrónico: iceditorial@iceditorial.com
Internet: www.iceditorial.com

ISBN: 978-84-1184-596-0
Depósito Legal: MA 209-2025

Impresión: PODiPrint
Impreso en Andalucía – España

Nota de la editorial: IC Editorial pertenece a Innovación y Cualificación S. L.

Presentación del manual

El **Certificado de Profesionalidad** es el instrumento de acreditación, en el ámbito de la Administración laboral, de las cualificaciones profesionales del Catálogo Nacional de Cualificaciones Profesionales adquiridas a través de procesos formativos o del proceso de reconocimiento de la experiencia laboral y de vías no formales de formación.

El elemento mínimo acreditable es la **Unidad de Competencia.** La suma de las acreditaciones de las unidades de competencia conforma la acreditación de la competencia general.

Una **Unidad de Competencia** se define como una agrupación de tareas productivas específica que realiza el profesional. Las diferentes unidades de competencia de un certificado de profesionalidad conforman la **Competencia General,** definiendo el conjunto de conocimientos y capacidades que permiten el ejercicio de una actividad profesional determinada.

Cada **Unidad de Competencia** lleva asociado un **Módulo Formativo,** donde se describe la formación necesaria para adquirir esa **Unidad de Competencia,** pudiendo dividirse en **Unidades Formativas.**

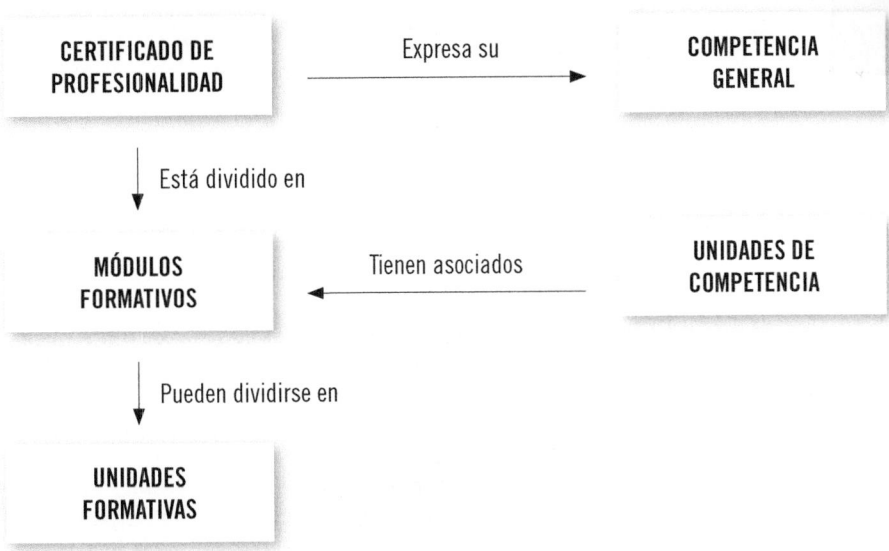

El presente manual desarrolla la Unidad Formativa **UF0567: Eficiencia energética en las instalaciones de iluminación interior y alumbrado exterior,**

perteneciente al Módulo Formativo **MF1194_3: Evaluación de la eficiencia energética de las instalaciones en edificios,**

asociado a la unidad de competencia **UC1194_3: Evaluar la eficiencia energética de las instalaciones de edificios,**

del Certificado de Profesionalidad **Eficiencia energética de edificios.**

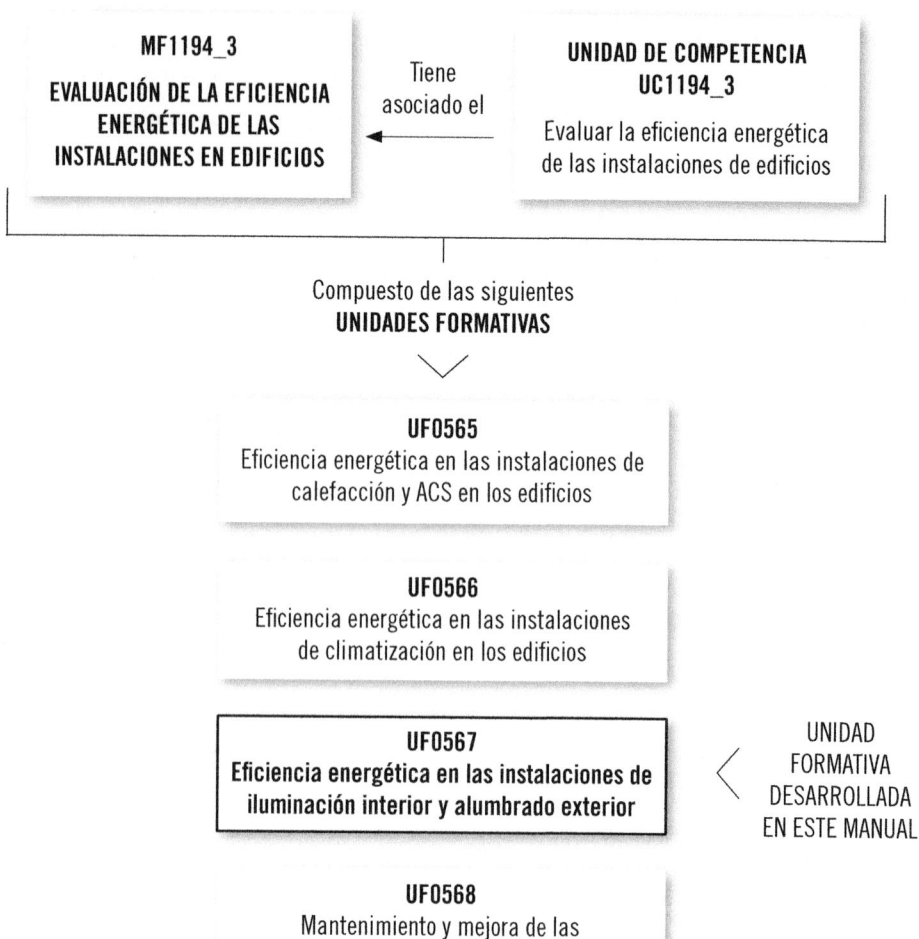

FICHA DE CERTIFICADO DE PROFESIONALIDAD

(ENAC0108) EFICIENCIA ENERGÉTICA DE EDIFICIOS (R. D. 643/2011, 9 de mayo)

COMPETENCIA GENERAL: Gestionar el uso eficiente de la energía, evaluando la eficiencia de las instalaciones de energía y agua en edificios, colaborando en el proceso de certificación energética de edificios, determinando la viabilidad de implantación de instalaciones solares, promocionando el uso eficiente de la energía y realizando propuestas de mejora, con la calidad exigida, cumpliendo la reglamentación vigente y en condiciones de seguridad.

Cualificación profesional de referencia	Unidades de competencia		Ocupaciones o puestos de trabajo relacionados:
ENA358_3 EFICIENCIA ENERGÉTICA DE EDIFICIOS (R. D. 1698/2007, de 14 de diciembre de 2007)	UC1194_3	Evaluar la eficiencia energética de las instalaciones de edificios.	• Gestor energético • Promotor de programas de eficiencia energética • Ayudante de procesos de certificación energética de edificios • Técnico de eficiencia energética de edificios
	UC1195_3	Colaborar en el proceso de certificación energética de edificios.	
	UC1196_3	Gestionar el uso eficiente del agua en edificación.	
	UC1197_3	Promover el uso eficiente de la energía.	
	UC0842_3	Determinar la viabilidad de proyectos de instalaciones solares.	

Correspondencia con el Catálogo Modular de Formación Profesional

Módulos certificado	Unidades formativas	Horas
MF1194_3: Evaluación de la eficiencia energética de las instalaciones en edificios	UF0565: Eficiencia energética en las instalaciones de calefacción y ACS en los edificios	90
	UF0566: Eficiencia energética en las instalaciones de climatización en los edificios	90
	UF0567: Eficiencia energética en las instalaciones de iluminación interior y alumbrado exterior	60
	UF0568: Mantenimiento y mejora de las instalaciones en los edificios	60
MF1195_3: Certificación energética de edificios	UF0569: Edificación y eficiencia energética en los edificios	90
	UF0570: Calificación energética de los edificios	60
	UF0571: Programas informáticos en eficiencia energética en edificios	90
MF1196_3: Eficiencia en el uso del agua en edificios	UF0572: Instalaciones eficientes de suministro de agua y saneamiento en edificios	60
	UF0573: Mantenimiento eficiente de las instalaciones de suministro de agua y saneamiento en edificios	40
MF1197_3: Promoción del uso eficiente de la energía en edificios		40
MF0842_3: Estudios de viabilidad de instalaciones solares	UF0212: Determinación del potencial solar	40
	UF0213: Necesidades energéticas y propuestas de instalaciones solares	80
MP0122 Módulo de prácticas profesionales no laborales		120

Índice

Capítulo 4
Eficiencia energética de instalaciones de iluminación exterior

Capítulo 1
Instalaciones de iluminación interior

Contenido

1. Introducción

La iluminación eléctrica fue en su día uno de los avances que revolucionó la sociedad. Gracias a ella, el ser humano pudo ampliar sus actividades en horas donde la iluminación solar no era suficiente.

Pero dicho invento no se quedó ahí, sino que ha ido evolucionando a lo largo de los años, y hoy la iluminación constituye uno de los elementos fundamentales para la buena realización de cualquier actividad en el interior de los hogares, oficinas, etc.

Nunca hay que obviar el principio general de la iluminación, es decir, el carácter ondular de la luz, así como el mecanismo humano que permite describir los colores y ver la realidad, el ojo.

También se hace preciso conocer las magnitudes y unidades de la iluminación, pues las mismas ayudarán a realizar una iluminación adecuada al uso o función de la habitación, y permitirán hacer un uso eficiente de la energía empleada en la iluminación.

2. Conceptos básicos de iluminación interior. Unidades

Actualmente y desde hace bastantes años, la iluminación interior se basa casi completamente en fuentes de luz eléctricas. Con estas fuentes se prentende iluminar el interior de los edificios con niveles de luz parecidos a los de la luz del día.

Los objetos principales que perseguimos con la iluminación interior son dos: permitir la visibilidad en la oscuridad natural y crear efectos visibles: es decir, hacer visible aquello que sin luz natural no seríamos capaces de ver.

Teniendo en cuenta estos objetivos, se ha desarrollado a lo largo de los años la "luminotecnia" o ciencia aplicada que concierne a la luz, a su control y manipulación, siendo dicha ciencia la responsable de la invención de fuentes de luz con mayor flujo luminoso y eficiencia.

Previamente al estudio de los conceptos básicos de iluminación, se introducirá este punto explicando de manera breve el concepto de luz y el concepto de percepción del ojo humano que ayudarán a entender mejor los conceptos y unidades de iluminación.

2.1. Introducción: la luz y el ojo humano

La luz es en sí una onda electromagnética. La principal característica que tienen dichas ondas es que no necesitan un medio para propagarse, sino que son capaces de propagarse en el vacío.

Como toda onda, la luz tiene lo que se llama la **longitud de onda,** asociada. Esta característica se define como la distancia entre dos máximos consecutivos de dos puntos cualquiera de la onda tal y como se refleja en el dibujo.

Longitud de onda λ

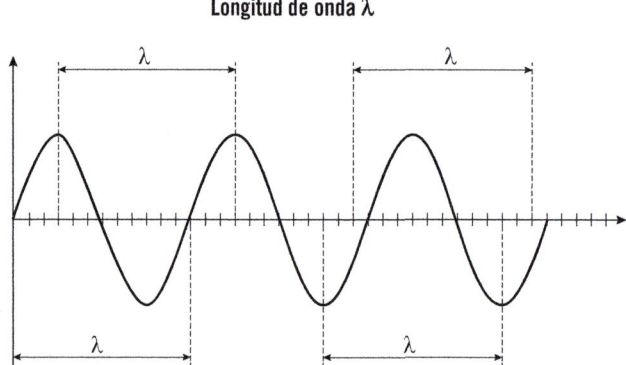

El ojo humano es sensible a aquellas radiaciones electromagnéticas con longitudes de onda comprendías entre 380 y 780 nm. A esta franja la denominamos **luz visible.** Las longitudes de onda más cortas del espectro de la luz o visible, corresponden a la luz violeta y las longitudes más largas a la luz roja. Entre estos extremos se encuentran todos los colores del arco iris. Los fabricantes suelen producir lámparas que produzcan una radiación comprendida entre los 380 y 780 nm.

Nota

El nm o nanómetro es la unidad de longitud para hablar de longitudes de ondas. El nanómetro equivale a 10^{-9} metros.

Curva de sensibilidad del ojo o curva de sensibilidad fotópica

Tal y como se ha visto, las radiaciones con longitudes de onda entre los 380 y 780 nm son transformadas por el ojo y dan lugar a lo que normalmente llamamos **luz.** Fuera de esta gama el ojo no ve, no percibe nada.

La luz blanca del mediodía soleado es la suma de todas las longitudes de onda del espectro visible. Si se hace llegar al ojo de manera independiente y con igual energía todas las longitudes de onda del espectro visible, se obtiene una curva como la que se indica a continuación. La misma ha sido elaborada por el **Comité Internacional de la Iluminación (CIE).**

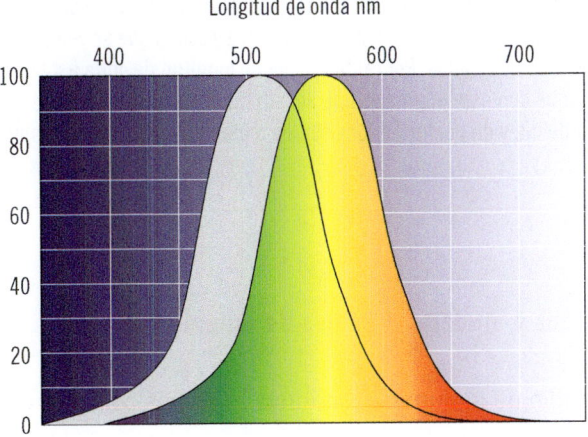

Curva de sensibilidad del ojo a las radiaciones monocromáticas

En la curva observamos que para la luz blanca del día, también llamada **fotópica,** el ojo tiene su máxima sensibilidad en una longitud de onda de 555 nm y al color amarillo, y la mínima sensibilidad corresponde a los colores rojo y violeta. Debido a ello, las fuentes luminosas con longitudes de onda cercanas al amarillo son las más eficaces, aunque son de peor calidad porque tal luz no es apropiada para nuestro ojo acostumbrado a la luz blanca del sol.

En el caso de luz nocturna, también llamada **escotópica,** el ojo tiene su máxima sensibilidad con longitudes de onda menores. Por tanto, en lugares con bajo nivel de iluminación se ve mejor con colores azul y violeta.

 Aplicación práctica

A la empresa "ILUMÍNALO" a la que pertenece, se le ha encargado el diseño de la iluminación de unas instalaciones deportivas al aire libre pero que puede cubrirse en caso de ser necesario para eventos nocturnos. Dada la situación se hace necesaria la utilización de un solo tipo de fuentes de luz tanto para la pista al aire libre como cubierta. ¿Por qué color de iluminación optaría desde el punto de vista de la sensibilidad del ojo? ¿Qué longitud de onda tendrá?

SOLUCIÓN

Dado que la iluminación servirá para alumbrar tanto en niveles de noche, de día y en cubierto, se deberá escoger una fuente de luz que sea eficaz y con la que se vea bien tanto en niveles de iluminación bajos y altos. Por tanto el color de longitud de onda asociado será amarillo-verdoso, ya que con este logramos una sensibilidad del ojo del 90% tal y como se refleja en la curva de día y de noche. La longitud de onda sería de aproximadamente de 540 nm.

2.2. Conceptos y unidades básicas de iluminación

En el estudio de la iluminación intervienen básicamente dos elementos:

- La fuente productora de luz (ejemplo: las bombillas).
- El objeto o superficie que se va a iluminar (ejemplo: la habitación).

A continuación se exponen las magnitudes y unidades de medidas funda-mentales de las fuentes de luz, también llamadas **características fotométricas.** Dichas características ayudarán a valorar y comparar las cualidades y efectos de cada fuente de luz.

Flujo luminoso o potencia luminosa

Llamamos flujo luminoso de una fuente de luz a la energía radiada que recibe el ojo humano según su curva de sensibilidad y que transforma en luz durante un segundo.

El flujo luminoso, indica la cantidad de luz emitida o radiada (detectada por el ojo), en un segundo, en todas las direcciones. A este concepto, también se le llama **potencia luminosa** propia de la lámpara o fuente de luz.

 Nota

La energía radiada es aquella energía producida por la lámpara al transformar la energía eléctrica en energía asociada a las ondas electromagnéticas. No hay que confundir nunca la energía radiada detectada por el ojo con la energía radiada total de la lámpara. De dicha energía el ojo solo detecta el 10% mientras que el resto se transforma en calor.

La representación del flujo luminoso es la letra griega Φ (Fi mayúscula) y su unidad es el Lumen (lm).

Medida del flujo luminoso

La medida del flujo luminoso se realiza en laboratorio por medio de un "fotoelemento" ajustado según la curva de sensibilidad fotópica del ojo a las radiaciones monocromáticas, que se introduce en una esfera hueca llamada **esfera de Ulbricht,** y en cuyo interior se coloca la fuente a medir.

Con esta medida, los fabricantes dan el flujo luminoso de las lámparas en lúmenes para la potencia nominal de cada lámpara.

Esfera de Ulbricht

Recuerde

La Unidad de Potencia de las lámparas como todo elemento eléctrico en el Sistema Internacional viene dada en vatios (W)

Rendimiento luminoso (eficacia luminosa)

El rendimiento luminoso de una fuente productora de luz indica el flujo que emite la misma en relación a la potencia eléctrica consumida para su obtención.

Se representa con la letra griega épsilon, ε, siendo su unidad el lumen/vatio (lm/w).

? Sabía que...

Si se lograse fabricar una lámpara que transformara sin tener pérdidas toda la energía eléctrica consumida en luz a una longitud de onda de 555 nm, su rendimiento sería el mayor posible, 683 lm/vatios.

Cantidad de luz (energía luminosa)

Al igual que en la energía eléctrica se determina por la potencia eléctrica en la unidad de tiempo, la cantidad de luz o energía luminosa se determinará por la potencia luminosa o flujo luminoso emitido en la unidad de tiempo.

Dicha energía se representa por la letra Q, y su unidad es el lumen por hora (lm x h).

La fórmula que expresa la cantidad de luz es:

$$Q = \Phi \times t \; ; \text{(lm x hora)}$$

Intensidad luminosa

Esta magnitud solo es entendible si se refiere a una determinada dirección y contenida en un ángulo sólido ω.

Al igual que a una magnitud de superficie le corresponde la medida de un ángulo plano (α) en radianes, a una magnitud de volumen le corresponderá un ángulo sólido (ω) o estéreo cuya media se realiza en estereoradianes.

Ángulo plano

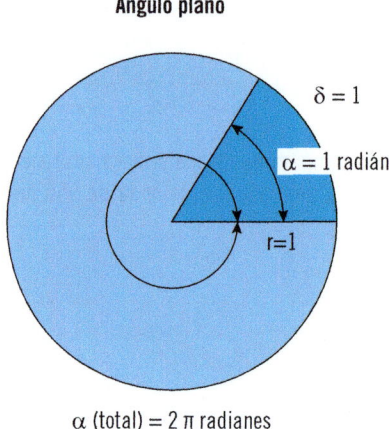

$\delta = 1$

$\boxed{\alpha = 1}$ radián

r=1

α (total) $= 2\pi$ radianes

El **estereorradián** se define como aquel ángulo sólido que corresponde a un casquete esférico con superficie igual al cuadrado del radio de la esfera.

Así, se define la intensidad luminosa de una fuente de luz como el flujo emitido en una dirección por unidad de ángulo sólido en esa dirección. Se simboliza por la letra (I), y su unidad es la candela (cd). Su fórmula se expresa como sigue:

$$I = \frac{\phi}{\omega} \text{ (lm/sr) (cd)}$$

Ángulo sólido

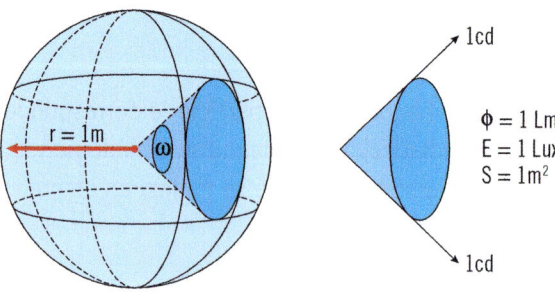

1cd

$\phi = 1$ Lm
$E = 1$ Lux
$S = 1m^2$

1cd

r = 1m

ω

ω (total) $= 4\pi$ estereorradianes

 **Importante**

Para hallar el ángulo sólido se debe dividir el área de la superficie de esfera que intercepta el cono entre el radio de la esfera al cuadrado.

$$\omega = S / r^2$$

Teniendo en cuenta esto se puede deducir que el ángulo sólido total de una esfera es 4π:

$S = 4 \omega r^2$; por tanto como $\omega = S / r^2$

Entonces $\omega = 4\pi$

Iluminancia (nivel de iluminación)

La iluminancia o nivel de iluminación de una superficie, es una magnitud que relaciona el flujo luminoso que recibe la superficie y su área. Se simboliza por la letra E y su unidad es el lux (lx). La fórmula con la que se expresa la luminancia es:

$$E = \frac{\phi}{S} \; (\text{lx} = 1 \text{ m/m}^2)$$

De dicha fórmula se deduce que a medida que el flujo luminoso sobre una superficie sea mayor, también los será su iluminancia. Por otro lado, también se deduce, que para un mismo flujo luminoso incidente, la iluminancia será mayor a medida que se disminuya la superficie sobre la que el flujo incide.

Medida de la iluminancia

Para medir el nivel de iluminación se usa un aparato especial denominado **luxómetro.** El mismo consiste en una célula fotoeléctrica, que al incidir la luz sobre su superficie, genera una corriente eléctrica débil que aumentará a medida que aumenta la luz incidente. Esta corriente se medirá con un miliamperaímetro, de forma analógica o digital, y el aparto lo transforma directamente a luxes.

Luxómetro

 Aplicación práctica

Se desea realizar un pedido de fuentes de luz para iluminar una superficie de una habitación de tres metros, se nos proponen dos opciones de lámparas:

I Lámpara 1: lámpara led, de 1.055 de flujo luminoso y potencia de 8,5 vatios.
I Lámpara 2: lámpara fluorescente de 1.000 lm y potencia de 17 vatios.

Para cada uno de estos criterios de elección, ¿cuál sería la más adecuada?

I La eficacia luminosa.
I La iluminancia.

Exponga las conclusiones finales tras los resultados.

Continúa en página siguiente >>

<< Viene de página anterior

SOLUCIÓN

Criterio: eficacia luminosa

Para ver la eficacia luminosa de cada lámpara se calcula la misma:

TIPO 1:

▌ $\varepsilon = 1.055 \, lm / 8,5 \, w = 124,12 \, lm/w$

TIPO 2:

▌ $\varepsilon = 1.000 \, lm / 17 \, w = 58,82 \, lm/w$

Según el criterio de eficiencia luminosa nuestra elección debería ser la lámpara TIPO 1.

Criterio: iluminancia

Para ver la iluminancia de cada lámpara se calcula la misma, teniendo en cuenta que la superficie a iluminar en la habitación son 3 metros cuadrados.

$$E = \frac{\phi}{S} \; (lx = l \, m/m^2)$$

TIPO 1:

▌ $E = 1.055 \, lm / 3 \, m^2 = 351,67 \, lx$

TIPO 2:

▌ $E = 1.000 \, lm / 3 \, m^2 = 333,33 \, lx$

Según el criterio 2 nuestra elección debería ser la lámpara TIPO 2.

Conclusión:

Si nuestra elección dependiera únicamente de estos dos criterios, la elección sería clara y elegiríamos la lámpara tipo led (tipo 1), ya que su eficacia luminosa es más del doble que la lámpara tipo 2 y su iluminancia es también mayor.

Luminancia

La luminancia es el efecto de luminosidad producido por una superficie en la retina el ojo, tanto si su origen es de una fuente primaria de luz, o procede de una superficie que refleja la luz como es el caso de un espejo.

La luminancia cuantifica el brillo de las fuentes de luz, tanto primarias así como el brillo de los objetos iluminados. Dicho concepto ha sustituido a los términos **brillo** y **densidad de iluminación.**

 Sabía que...

El ojo no es capaz de ver los colores sino el brillo como atributo de la luz. Por tanto el ojo es capaz de diferenciar distintos niveles de luminancia, pero no distintos niveles de iluminación. Por tanto a igual nivel de iluminación, los objetos tendrán diferente luminancia en función del poder de reflejar la luz que le llega.

La luminancia de una superficie iluminada, se expresa matemáticamente como el cociente ente la intensidad luminosa de una fuente de luz, en una dirección, y la superficie de la fuente proyectada según la dirección anterior.

La superficie de la fuente proyectada es la vista del observador en la dirección de observación. Para calcularla se debe multiplicar la superficie real iluminada por el coseno del ángulo que forma la normal de la superficie con la dirección de la intensidad luminosa.

Luminancia de una superficie

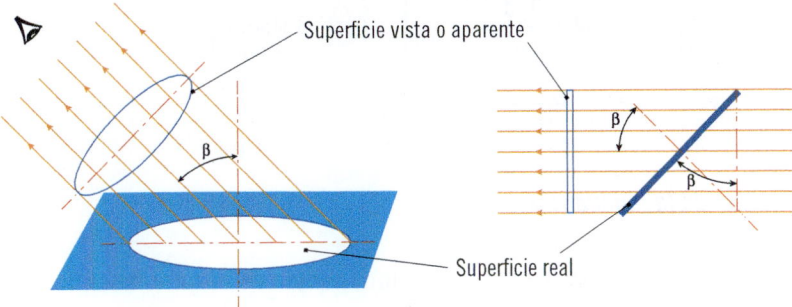

Superficie aparente = Superficie real x cosβ

 **Nota**

La Normal de un Plano o Superficie es la línea perpendicular a dicha superficie.

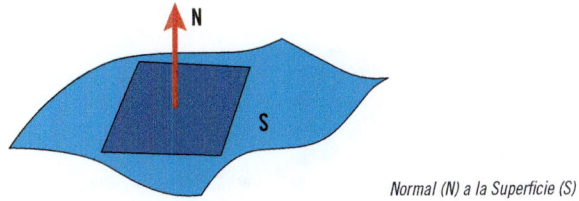

Normal (N) a la Superficie (S)

Para representar la Luminancia empleamos la letra L. Su unidad es la candela/metro cuadrado, también llamada "nit" (nt). Se usa a menudo su submúltiplo la candela/centímetro cuadrado o "stilb", que se emplea para fuentes con luminancias elevadas. La fórmula que expresa esta magnitud es la siguiente:

$$L = \frac{I}{S \cdot \cos\beta}$$

$$1 nt = \frac{1 \, cd}{1 \, m^2}$$

$$1 \, stilb = \frac{1 \, cd}{1 \, cm^2}$$

Medida de la luminancia

El aparato usado para medir la luminancia es el luminancímetro o nitómetro. El mismo, se basa en un sistema óptico doble, uno de dirección y otro de medición.

El sistema de dirección se orienta de forma que la imagen coincida con el punto que se quiere medir. La luz que llega, con el aparato orienteado, se convierte en corriente eléctrica y se convierte en el aparato en una lectura analógica o digital. Los valores que indican el aparato suelen ser medidos en cd/m^2.

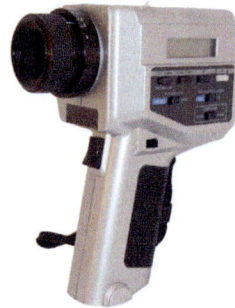

Luminancímetro

 Actividades

1. De los factores o unidades vistos anteriormente, ¿cuáles dependen de la fuente productora de luz? ¿Cuáles dependen del objeto o superficie que se va a iluminar?

3. Partes y elementos constituyentes

Las instalaciones de iluminación interior se constituyen por una serie de elementos. Se deben conocer las características de cada una de estas partes para que nuestra instalación de iluminación interior cumpla su función de la manera más eficiente posible.

3.1. Cuadros eléctricos de mando y control

Para que un sistema de iluminación sea eficiente requiere un diseño eléctrico adecuado en cuanto al sistema de alimentación eléctrica y su control.

Por ello, el diseño de la instalación eléctrica se deberá tener en cuenta el voltaje de la alimentación y la variabilidad del mismo, ya que en algunos tipos de lámparas puede haber problemas con el encendido y la estabilidad del funcionamiento de las mismas.

Uno de los elementos fundamentales que vela por el buen funcionamiento de la instalación de iluminación es el cuadro eléctrico y de mando. En dicho cuadro se protege cada uno de los circuitos eléctricos de la instalación y dentro de ellos el circuito de alumbrado.

El cuadro eléctrico normalmente se compone de tres elementos fundamentales:

- **Interruptor de control de potencia:** se acciona en caso de que existan sobrecargas eléctricas en la instalación, es decir que la potencia eléctrica que se consume en ese momento por la instalación es superior a la contratada.
- **Interruptor Diferencial (ID):** su función es la desconexión eléctrica de la instalación en caso de que haya derivación de cualquier elemento de la instalación hacia tierra. Gracias a ello, si una persona tocara un aparato averiado, se produciría la desconexión instantánea de la instalación eléctrica evitando producir calambres.
- **PIA's (Pequeños Interruptores Automáticos):** la función de estos elementos es proteger a los diferentes circuitos de la instalación de defectos

derivados de cortocircuitos o sobrecargas. Para el caso de la instalación de alumbrado interior existe un PIA's para dicha instalación de alumbrado el cual puede incluso estar identificado en el cuadro eléctrico.

Estructura común de un cuadro eléctrico

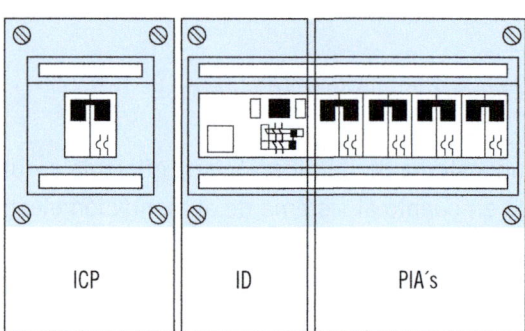

| ICP | ID | PIA's |

En el caso del alumbrado hay ocasiones que se incorporan a este cuadro elementos de mando. Dichos elementos reciben el nombre de programadores, y su función es programar el alumbrado interior en cuanto a horario e intensidad de iluminación. Así por ejemplo con este elemento se podrá programar el encendido y apagado de la iluminación de un edificio en función de el horario de apertura y cierre.

3.2. Líneas de distribución

Las líneas de distribución están constituidas por los cableados que llevan la corriente eléctrica desde el punto de conexión con la red eléctrica principal hasta las lámparas. A este cableado se le llama **circuito eléctrico de alimentación de puntos de iluminación.**

El circuito eléctrico de iluminación es independiente de los demás circuitos, y se puede adaptar en función de distintas necesidades.

A continuación se muestran dos ejemplos de distintas disposiciones del circuito eléctrico de alimentación en función de los puntos de encendido o control de los puntos de luz.

Ejemplo

Disposición con interruptor unipolar

Con esta disposición se puede controlar uno o varios puntos de luz desde un único interruptor. Para ello, usamos un interruptor unipolar que solo se aplica a una fase. Por tanto si se cortara el cable del neutro la bombilla seguiría encendida. Pero si tocamos la bombilla estando la luz apagada podríamos tener una descarga eléctrica, o saltaría el interruptor diferencial en caso de que la instalación eléctrica se encontrara protegida correctamente.

Disposición con interruptor bipolar

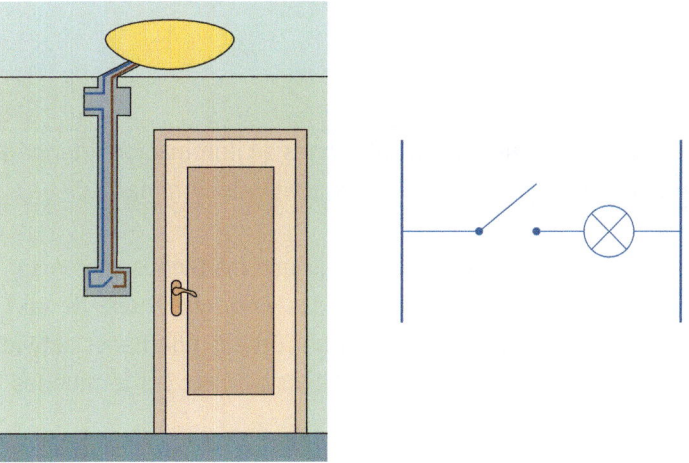

Disposición con dos conmutadores

Con esta disposición se puede controlar una o más luminarias desde dos puntos distintos. Para ello, se usan dos interruptores conmutadores. Aunque aparentemente un interruptor es igual que un conmutador, su diferencia estriba en el número de cables que llegan a ellos.

Continúa en página siguiente >>

<< Viene de página anterior

Disposición con dos conmutadores

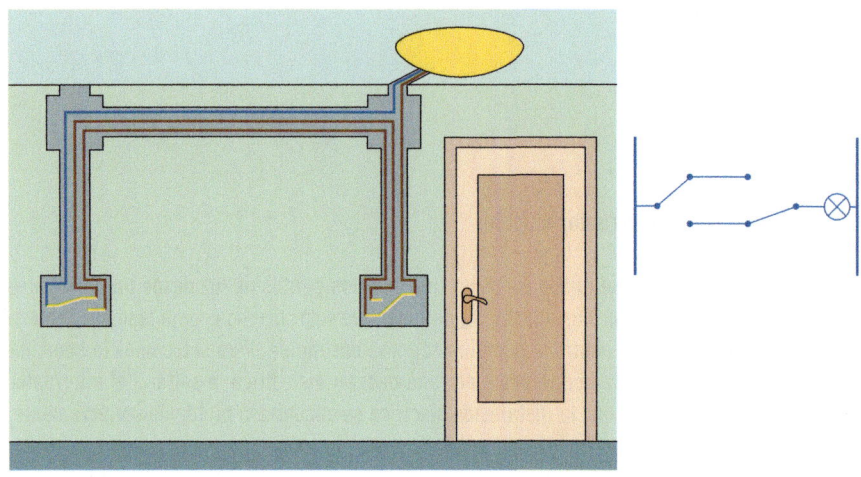

3.3. Disposición de puntos de luz

La disposición de luz en las instalaciones de iluminación interior dependerá de las características del edificio que se pretende iluminar.

En las instalaciones industriales, en la que los techos suelen ser altos, las luminarias se suelen situar altas, alineadas y equidistantes, de tal forma que la iluminación en el edificio sea uniforme. En caso de haber actividades que necesiten una mayor iluminación, la disposición de las luminarias será más localizada.

Por otro lado destacar que en instalaciones comerciales la disposición de puntos de luz responde más a necesidades estéticas que a funcionales, siendo a veces, la disposición de puntos de luz una herramienta de atracción para las personas.

Caso aparte, son las instalaciones de puntos de luz en las viviendas. El REBT (Reglamento Electrotécnico de Baja Tensión) en su **ITC-BT-25** establece unos niveles de electrificación en los que se indica los puntos de luz que se deben situar en cada habitación de la vivienda.

Distribución equidistante de luminarias típica del alumbrado industrial

Actividades

2. Busque información en la ITC-BT-25 los puntos de luz que se deben establecer en la vivienda, así como de los factores que depende.

3.4. Tipos de luminarias y lámparas

Las lámparas y las luminarias son los elementos que forman las fuentes eléctricas de luz en sí. Es preciso que lámparas, luminarias y el conjunto formado por las dos, cumplan una serie de condiciones según la iluminación que se desea conseguir.

Según la Norma UNE-EN IEC 60598-1:2022/A11:2023, se define la luminaria como:

Un aparato de alumbrado que reparte, filtra o transforma la luz emitida por una o varias lámparas y que comprende todos los dispositivos necesarios: el soporte, la fijación y la protección de las lámparas, y en caso necesario, los circuitos auxiliares en combinación con los medios de conexión con la red de alimentación.

Por tanto, las luminarias realizan la triple función de:

1. Control luminoso.
2. Control térmico.
3. Seguridad eléctrica.

Los **componentes** comunes a las luminarias son:

1. **Armadura o carcasa.** Es el elemento físico cuya función es la de contener los dispositivos necesarios para el correcto funcionamiento de la lámpara. Uno de los materiales más usados en la fabricación de las armaduras es el aluminio por sus características de resistencia, ligereza, facilidad de mecanizado y resistencia a la corrosión. Una variante del material, el aluminio inyectado, se usa cuando se desea mayor calidad en las luminarias.

Luminaria con carcasa de aluminio inyectado

2. **Sistema óptico.** Se denomina sistema óptico al conjunto formado por los reflectores, difusores y filtro que se encuentran en la luminaria, cuya función es dirigir el flujo luminoso que emite la lámpara hacia la superficie

que se ilumina. En una luminaria se pueden encontrar uno, dos o tres de estos elementos:

▌ **Reflectores:** son las superficies alojadas en el interior de la luminaria cuya función es modelar la forma y dirección del flujo de la lámpara.
▌ **Difusores:** es el elemento que sirve de cierre o recubrimiento de la luminaria en la dirección del rayo lumínico.
▌ **Filtro:** su función es la de combinarse con los difusores para potenciar o disminuir algunas características de la radiación luminosa.

3. **Equipo eléctrico.** El equipo eléctrico que esté contenido en la luminaria dependerá del tipo de luz o lámpara a la que se asocie. Así por ejemplo en algunas lámparas no serán necesarios equipos eléctricos auxiliares, pero en otros tipos de lámparas sí se harán necesarios algunos equipos eléctricos auxiliares.

En el siguiente dibujo se expone un ejemplo luminaria general en la que se señalan las partes anteriormente estudiadas.

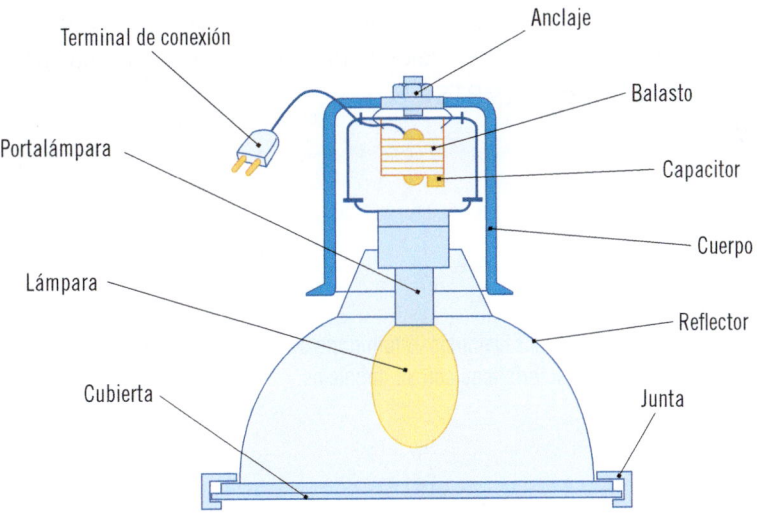

a) Terminal de conexión, anclaje, balasto, capacitor y portalámpara: son equipos eléctricos
b) Cuerpo, junta y cubierta: son partes de la carcasa o cubierta
c) Reflector: es parte del sistema óptico
d) Es en sí la fuente de luz

Tipos de luminarias

Existen diversos criterios para clasificar las luminarias. Tres de ellos son los que clasifican a las luminarias en función de su protección eléctrica, los que las clasifican según sus condiciones operativas y los que las clasifican según criterios ópticos.

Según su protección eléctrica

Las luminarias, según su grado de protección eléctrica hacia las personas y los bienes se pueden clasificar en:

- **Clase 0:** luminarias con aislamiento funcional, pero sin un aislamiento reforzado ni conexión a tierra.
- **Clase I:** luminarias con aislamiento funcional, sin aislamiento doble pero con conexión a tierra.
- **Clase II:** luminarias con aislamiento doble y/o reforzado en su totalidad y sin conexión a tierra.
- **Clase III:** luminaria diseñada para trabajar con circuitos de voltaje muy bajos de seguridad. No cuenta con circuitos que operen a un voltaje superior. Se suelen llamar "luminarias para muy baja tensión de seguridad" (MBTS).

 Actividades

3. Busque imágenes de dos ejemplos de luminaria de cada clase según protección eléctrica, y verifique sus características con su definición.

Según sus condiciones operativas

El sistema IP "Ingress Protection" está fijado en la norma IEC 60529:2018 Grados de protección proporcionados por las envolventes (Código IP).

El grado de protección se representa por las letras "IP" seguidas por tres números:

▪ El primer número indica el grado de cumplimiento de la protección contra la entrada de cuerpos extraños y polvo.
▪ El segundo número indica el grado de sellado de la luminaria para evitar la entrada de agua.
▪ El tercer número (indicado en el sistema francés) indica el grado de resistencia contra impactos.

Según criterios ópticos

La tercera clasificación, y no menos importante, es aquella que clasifica a las luminarias dependiendo de criterios o características ópticas.

Dicha clasificación se basa en el porcentaje de flujo luminoso que se emite por encima y por debajo de un plano de referencia. Dicho plano de referencia, es un plano horizontal que pasa por la lámpara que aloja la luminaria. Es decir la luminaria queda clasificada en función de la luz que se emita hacia arriba (el techo) y hacia abajo (el suelo). En función de este aspecto seis tipos de luminarias que se representan a continuación:

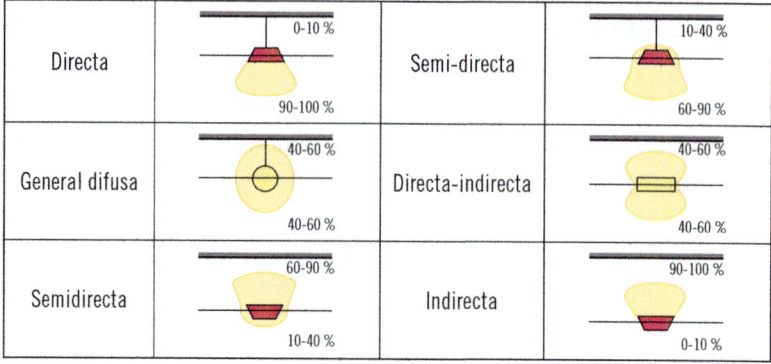

Directa	0-10 % 90-100 %	Semi-directa	10-40 % 60-90 %	
General difusa	40-60 % 40-60 %	Directa-indirecta	40-60 % 40-60 %	
Semidirecta	60-90 % 10-40 %	Indirecta	90-100 % 0-10 %	

Tipos de lámparas

Las lámparas son los elementos encargados de generar la luz. Previamente al estudio de la tipología de las lámparas vamos a estudiar los modos empleados para generar la luz de las lámparas.

Las lámparas generan luz básicamente a de dos formas básicas, por incandescencia de elementos o por luminiscencia en medios gaseosos.

- **Generación de luz por incandescencia.** La incandescencia es la emisión de radiación luminosa mediante procesos térmicos. Consiste, básicamente, en calentar un sólido hasta su temperatura de incandescencia. Es el método más antiguo de generar luz. Destacar que a partir de septiembre de 2012 se dejaron de fabricar las lámparas incandescentes típicas por su ineficiencia energética.
- **Generación de luz por luminiscencia.** La luminiscencia es la emisión de radiación luminosa por átomos, moléculas e iones, que son excitados por el choque de electrones, es decir, sin usar procedimientos térmicos. La luminiscencia generalmente se genera al excitar los electrones de la última capa de los átomos.

Dependiendo del procedimiento físico empleado para excitar los electrones de la última capa, el tipo de radiación y la forma de emisión se distinguen distintos tipos de luminiscencia y de lámparas, que se verá a continuación.

A continuación se realiza un recorrido por las **tipologías** de lámparas fundamentales.

Todas ellas generan la luz a partir de uno de los modos de generación anteriores o a partir de una combinación de los dos. Asimismo, el funcionamiento eléctrico de los distintos tipos de lámparas también varía.

Lámparas incandescentes

En las lámparas incandescentes la emisión de radiación luminosa se produce como consecuencia del paso de una corriente eléctrica por un hilo de wolframio que alcanza la temperatura de incandescencia.

El hilo está arrollado de forma helicoidal y se encuentra ubicado en una ampolla de vidrio donde se ha realizado previamente el vacio o se ha rellenado con un gas inerte.

Lámpara incandescente

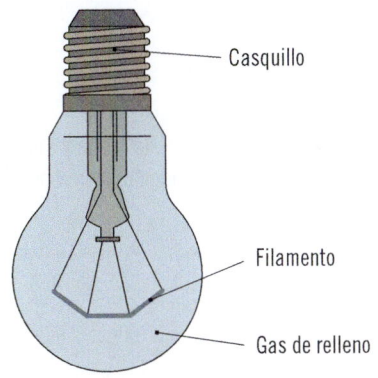

Casquillo

Filamento

Gas de relleno

Dichas lámparas cuentan con una pieza metálica denominada casquillo. Su función es realizar la conexión de la lámpara y el portalámparas.

Tal y como se indicó anteriormente dichas lámparas se dejaron de fabricar a partir de septiembre de 2012 atendiendo a la Directiva de la UE ECODESING 2009/1215/CE. Tienen una corta vida útil (unas 1000 horas) y su consumo eléctrico es muy elevado, lo que las hace la tipología menos eficiente desde el punto de vista energético.

Se recomienda su progresiva sustitución por lámparas más eficientes como las de bajo consumo, tubos fluorescentes o las que aplican la tecnología LED.

Sabía que...

Tan solo el 5 % de la energía que consume una bombilla incandescente se traduce en luz, el resto el 95 %, se transforma en calor. Este hecho nos arroja la poca eficiencia energética de este tipo de lámparas lo que ha obligado a su retirada del mercado y a las recomendaciones de sustitución por otras lámparas más eficientes.

Actividades

4. Investigue sobre la fecha y autoría de la invención de la bombilla incandescente.
5. Busque información acerca de las consecuencias de dicho invento.

Lámparas halógenas

Las lámparas halógenas son lámparas de incandescencia a las que se le agrega un gas de relleno para evitar el ennegrecimiento de la lámpara debido al depósito de wolframio. El gas que se suele añadir es bromo, y el mismo, evita que se deposite el wolframio.

Lámpara halógena

? **Sabía que...**

En aplicación de la Directiva Europea ErP 244/2009, a partir del 1 de septiembre de 2018 se dejaron de fabricar las bombillas halógenas. Tampoco se dejaron de vender aquellas bombillas aquellas que se habían fabricado después del 31 de agosto de 2018, pudiéndose comercializar las bombillas que hubiera en *stock* y fabricadas antes de esa fecha.

Lámparas fluorescentes

Las lámparas fluorescentes más usuales son las tubulares. Su funcionamiento se basa en la descarga en vapor de mercurio a Baja Presión (BP). En cada extremo del tubo se encuentra un electrodo y a su vez el tubo de descarga está lleno de un gas inerte (por ejemplo argón) y una pequeña de cantidad de mercurio, que al principio está en forma líquida. La superficie interna de la ampolla se cubre de una sustancia luminiscente (polvo fluorescente o fósforo), y dependerá de su composición la cantidad de luz emitida y las características de color de la lámpara.

Tienen una duración 10 veces mayor a las lámparas incandescentes y su consumo eléctrico es menor, pudiendo obtener un ahorro de un 80 % en el uso de los mismos.

Lámpara fluorescente

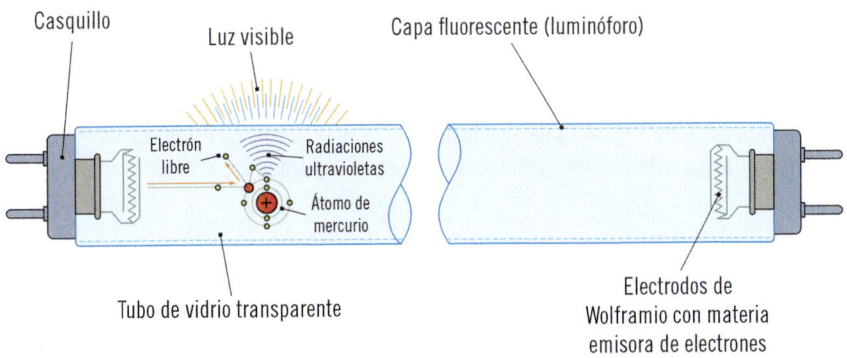

La preocupación por el medioambiente y el cambio climático recomienda la sustitución del uso de lámparas fluorescentes por lámparas led.

La Directiva 2011/65/UE (RoHS) de la UE prohíbe gradualmente desde febrero de 2023 la comercialización de lámparas convencionales, como las lámparas fluorescentes T5 y T8.

Además, las organizaciones mundiales, como la ONU, están prohibiendo la fabricación y uso de algunos tipos específicos de lámparas incandescentes. Así en el ANEXO A del Convenio de Minamata se indicaba que después de 2020 no podían ser fabricadas, importadas y exportadas las siguientes lámparas fluorescentes:

- Lámparas fluorescentes compactas (CFL) para usos generales de iluminación de menos de 30 vatios con un contenido de mercurio superior a 5 mg por quemador de lámpara,
- Lámparas fluorescentes lineales (LFL) para usos generales de iluminación:

    a. Fósforo tribanda de < 60 vatios con un contenido superior a 5 mg por lámpara;
    b. Fósforo en halofosfato de ≤ 40 vatios con un contenido de mercurio superior a 10 mg por lámpara;

Sabía que...

La Convención de Minamata sobre el Mercurio es un tratado mundial para proteger la salud humana y el medioambiente de los efectos adversos del mercurio. La Convención de Minamata entró en vigor el 16 de agosto de 2017, y en la misma se establecen diferentes fechas para que determinados productos o procesos no pueden ser llevados a cabo

Lámparas de mercurio de alta presión

En estas lámparas la descarga se produce en un tubo de descarga de cuarzo que contiene una pequeña cantidad de mercurio y un relleno de gas inerte, que es generalmente argón, para ayudar al encendido. La descarga de estas lámparas emite radiación dentro del espectro visible de luz, pero también emite radiación ultravioleta.

La superficie interna de la ampolla exterior de la lámpara puede estar cubierta de un polvo fluorescente que realiza la conversión de la radiación ultravioleta en radiación visible. Estas lámparas ofrecen mayor iluminación que versiones similares sin la capa de polvo fluorescente. Dichas lámparas ofrecen un bajo consumo por lo que se recomienda su uso en ambientes interiores de iluminación prolongada y localizada.

Lámpara de vapor de mercurio a alta presión

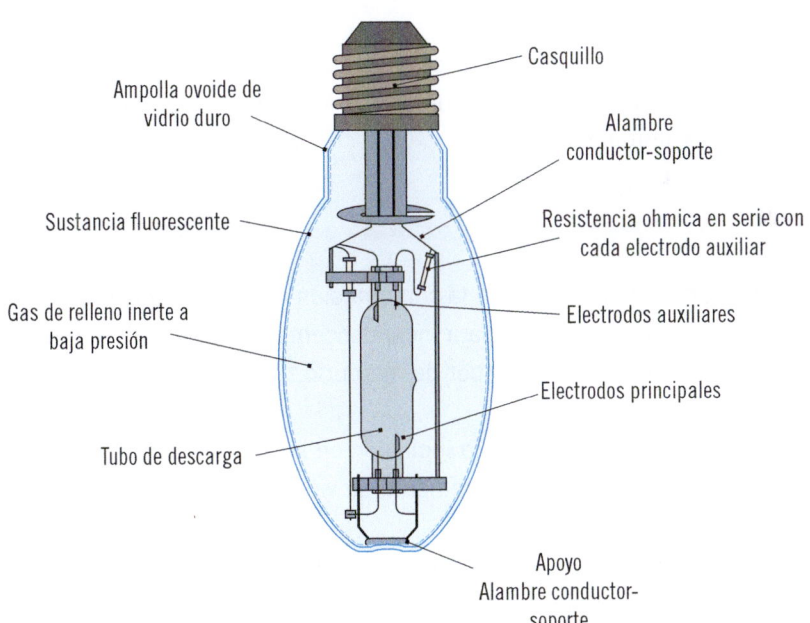

En el funcionamiento de las lámparas de mercurio de alta presión se distinguen tres fases:

- **Ignición.** La ignición de la lámpara se logra mediante un electrodo auxiliar o de arranque que se sitúa cerca del electrodo principal y que se conecta al otro por una resistencia de alto valor (25 kW). En esta primera etapa la lámpara funciona de manera similar a las lámparas de baja presión.
- **Encendido.** En esta fase se ioniza el gas inerte y la lámpara muestra su máxima producción de luz, hasta que el mercurio contenido en el tubo de descarga esté totalmente vaporizado. El tiempo que transcurre en este proceso se denomina tiempo de encendido. Este tiempo se suele definir como el tiempo necesario de la lámpara desde el momento de la ignición hasta alcanzar el 80 % de su producción máxima de luz, siendo aproximadamente 4 minutos.
- **Estabilización.** Es la función que realiza el circuito de balasto de la lámpara para estabilizar el flujo de corriente a través de la misma.

La Convención de Minamata prohíbe la fabricación, importación y exportación de las lámparas de vapor de mercurio a alta presión (HPMV) para usos generales de iluminación.

Lámparas de luz mezcla

Estas lámparas se basan en la combinación de la lámpara de vapor de mercurio de alta presión y la lámpara incandescente. Su objetivo es corregir la luz azulada de las lámparas de vapor de mercurio.

Esto se consigue mediante la inclusión en la ampolla de un tubo de descarga de vapor de mercurio y un filamento de wolframio.

Son una buena sustitución para las lámparas incandescentes ya que no requieren balasto, es decir, se conectan directamente a la red eléctrica, y además presentan buenas características cromáticas y una aceptable vida útil.

Lámpara de luz mezcla

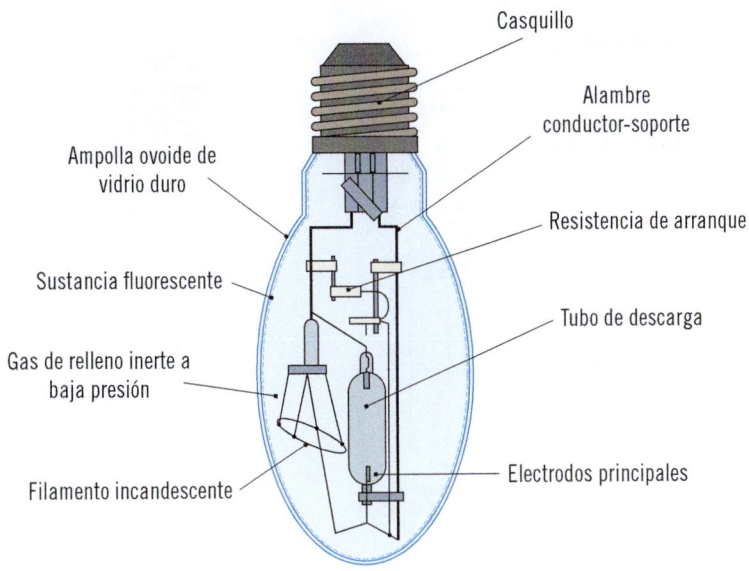

Casquillo

Alambre
conductor-soporte

Ampolla ovoide de
vidrio duro

Resistencia de arranque

Sustancia fluorescente

Tubo de descarga

Gas de relleno inerte a
baja presión

Electrodos principales

Filamento incandescente

Lámparas de halogenuros metálicos

Son lámparas de vapor de mercurio a alta presión que contienen halogenuros de los llamados "de tierras raras" como son el Dysprosio (Dy), el Holmio (Ho) y el Tulio (Tm). Estos haluros se vaporizan cuando la lámpara alcanza su temperatura normal.

A continuación, el vapor de haluros se disocia en el interior de la zona central caliente del arco, en halógeno y metal, y se consigue así, aumentar de manera considerable la eficacia luminosa y aproximar su color al de la luz diurna solar. En la constitución de estas lámparas se usan varios tipos de halogenuros (sodio, yodo, ozono), a los que se añade escandio, talio, indio, litio, etc.

Dichas lámparas se pueden encontrar en lugares en que necesitamos un tratamiento especial de los colores, como en los estadios de deportes o en grandes salas de reuniones.

Lámparas de halogenuros metálicos

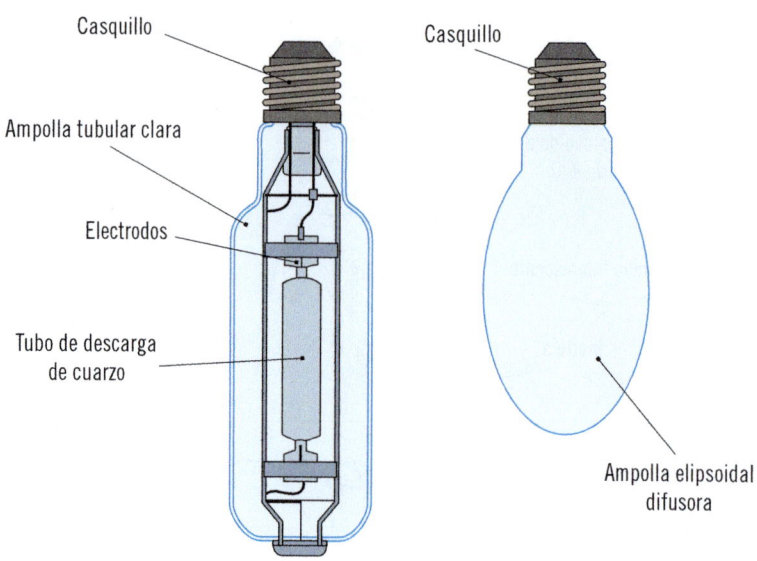

La directiva de ROHS (restricciones a la utilización de determinadas sustancias peligrosas en aparatos eléctricos y electrónicos), publicada en febrero de 2022, previó la retirada de las lámparas de halogenuros metálicos a partir del 24-02-2023.

Lámparas de sodio a baja presión

Son lámparas que en su funcionamiento tienen similitud con las lámparas de vapor de mercurio a baja presión (fluorescente). Su diferencia está en que en las lámparas de sodio no es necesario el polvo fluorescente, sino que basta con la descarga directa del sodio.

Lámpara de sodio a baja presión

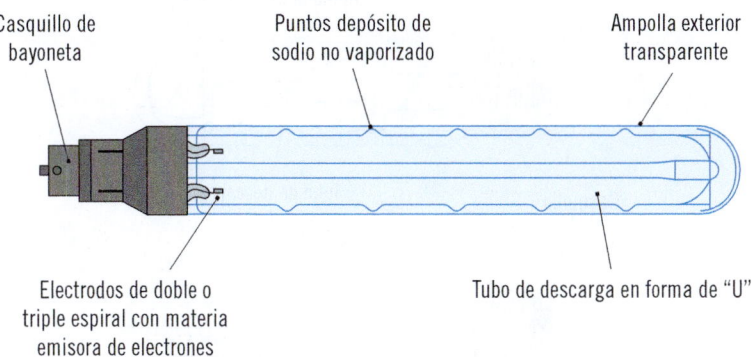

Casquillo de bayoneta

Puntos depósito de sodio no vaporizado

Ampolla exterior transparente

Electrodos de doble o triple espiral con materia emisora de electrones

Tubo de descarga en forma de "U"

Lámparas de sodio a alta presión

La gran diferencia respecto a las lámparas de sodio de Baja presión, es que la presión de vapor es más alta. Este factor hace que las propiedades de la luz emitida sean también diferentes respecto a las lámparas de baja presión.

El tubo de descarga contiene un exceso de sodio que da lugar a unas condiciones de vapor saturado cuando la lámpara está en funcionamiento. Por otro lado también tiene un exceso de mercurio, que proporciona un gas amortiguador. En el tubo también se incluye gas xenón, para facilitar el encendido y poner un límite a la conducción de calor del arco de descarga a la pared del tubo. La envoltura del tubo de descarga es de vidrio protector con vacío hecho en su interior.

En cuanto a radiación visible emitida por las lámparas, se puede decir que ofrecen una producción de color bastante aceptable en comparación con las lámparas de sodio de baja presión.

En las instalaciones de alumbrado interior se suelen usar con fines decorativos.

Lámparas de vapor de sodio a alta presión

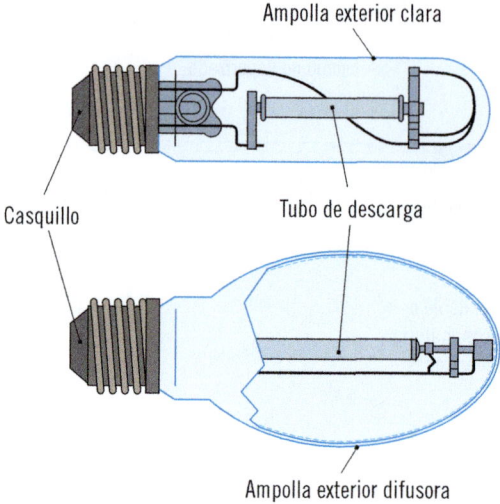

Ampolla exterior clara

Casquillo

Tubo de descarga

Ampolla exterior difusora

Lámpara de inducción

La lámpara de Inducción es innovadora en la generación de luz. Su principio de funcionamiento se basa en el principio de descarga de gas a baja presión prescindiendo de electrodos para ionizar el gas.

Para dicha ionización se puede emplear un anillo cerrado de vidrio y la energía es suministrada desde el exterior mediante un campo magnético. Existen distintos tipos de lámparas de inducción, entre ellas las lámparas fluorescentes de alta potencia sin electrodos.

Lámpara fluorescente de alta potencia sin electrodos

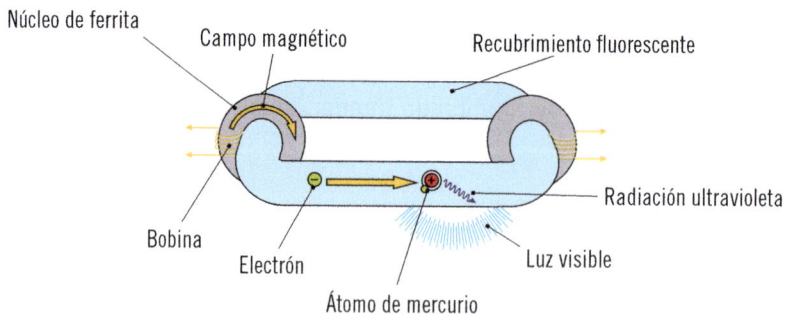

Núcleo de ferrita

Campo magnético

Recubrimiento fluorescente

Bobina

Electrón

Átomo de mercurio

Radiación ultravioleta

Luz visible

Lámparas LED

Las lámparas LED son aquellas que se basan en diodos emisores de luz (en inglés, *Light-Emitting Diode:* LED). Esta tecnología es novedosa y presume de ser una tecnología de bajo consumo.

Las lámparas LED para poseer una intensidad luminosa equivalente a las lámparas convencionales se componen de grupos de "DIODOS EMISORES DE LUZ" o "LEDES", cuyo tamaño y cantidad dependerá de la intensidad luminosa que se desee conseguir con la lámpara LED.

La principal ventaja de las lámparas LED es su ahorro energético, su gran vida útil, su arranque instantáneo y la resistencia que presentan ante encendidos y apagados continuos.

Diodo emisor de luz (LED)

Lámparas tubulares de LED, equivalen en cuanto a iluminación a las fluorescentes tubulares

La búsqueda de mayor eficiencia energética recomienda la sustitución de las lámparas existentes por lámparas con tecnología LED.

3.5. Equipos de encendido

Los equipos de encendido son equipos auxiliares que sirven para encender y estabilizar las lámparas eléctricas. Los principales componentes o accesorios típicos de los equipos de encendido son los balastos, los arrancadores y los cebadores.

Balastos

Son elementos empleados para el correcto arranque de algunos tipos de lámparas. Se constituyen por inductancias, únicas o combinadas con otros componentes, que limitan la corriente que circula por las lámparas a los valores adecuados de funcionamiento.

En los sistemas de iluminación interior, los balastos suelen estar incorporados a la luminaria.

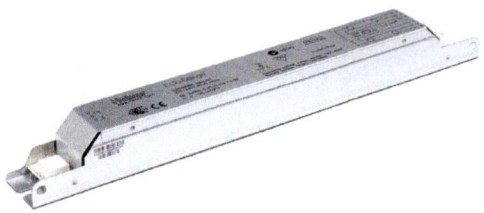

Balasto empleado en tubos fluorescentes

Arrancadores

Son elementos de encendido que se emplean las lámparas de sodio de alta presión, en las lámparas de halogenuros metálicos y en las lámparas de vapor de mercurio de baja presión.

La función del arrancador es resolver la necesidad que tienen estas lámparas de una tensión superior de la red para iniciar el arco al comienzo de su encendido.

Su misión puede ejecutarla por sí solo o combinándose con el balasto.

Arrancador empleado en lámparas

Cebadores

Los cebadores son dispositivos que emplean las lámparas fluorescentes para llevar a cabo su encendido. De manera previa a la descarga los electrodos que hay en los extremos de las lámparas se precalientan mediante los cebadores, que al abrirse generan unos valores altos de tensión que son capaces encender la lámpara.

Estos dispositivos se componen de una lámina bimetálica encerrada en una cápsula de cristal de gas Neón (Ne). La lámina tiene la propiedad de curvarse cuando recibe el calor del gas, y cierra un contacto que permite el paso de la corriente eléctrica mediante el circuito de derivación donde está conectado el cebador.

Cebador

3.6. Elementos de protección

El conjunto lámpara–luminaria, que forma el elemento básico de producción de luz, deberá contar en su instalación con una serie de elementos básicos de protección, para que el funcionamiento eléctrico sea seguro y eficiente.

Son fundamentales las puestas a tierra de los elementos, el aislamiento eficaz de las partes que llevan tensión, las protecciones contra la humedad de las luminarias.

Puesta a tierra

La puesta a tierra de los puntos de luz es un elemento fundamental para impedir contactos con los elementos metálicos de los puntos de luz.

El cableado de puesta a tierra se caracteriza por ser de color amarillo y verde.

Aislamiento

El aislamiento en los puntos de luz hay que tenerlo muy en cuenta en los enchufes, casquillos y cables de las lámparas. Si estos elementos no se encuentran correctamente aislados pueden dar lugar a riesgos eléctricos elevados.

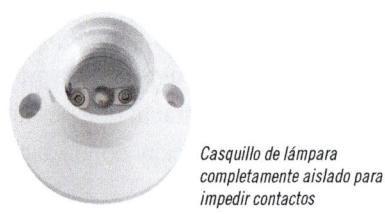

Casquillo de lámpara completamente aislado para impedir contactos

Protecciones contra la humedad

Las protecciones de los puntos de luz se consiguen en las luminarias. En las instalaciones de iluminación interior, a veces, se pueden reducir, pues no se tiene el riesgo de lluvia, pero en lugares húmedos habrá que tenerlas en cuenta. En el caso de alumbrado exterior estas protecciones son más complejas.

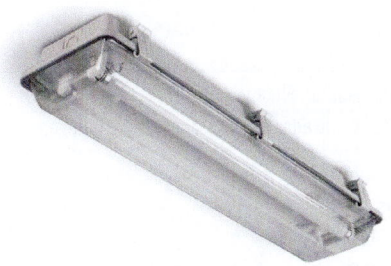

Luminaria estanca para alojamiento de tubos fluorescentes

4. Análisis funcional

En la iluminación de interiores se utilizan casi todo el tipo de lámparas: incandescentes, halógenas, fluorescentes, etc. Para la elección de las mismas se deberá tener en cuenta las características fotométricas, cromáticas, consumo energético, economía de instalación y mantenimiento de la lámpara. Por otro lado también se deberá escoger la lámpara que mejor se adapte a las necesidades y características de cada instalación (nivel de iluminación, dimensiones del local, ámbito de uso, potencia de la instalación eléctrica...).

4.1. Análisis funcional de las lámparas en función de su uso

Dependiendo del uso y localización de los puntos de luz en las instalaciones de iluminación interior, se deberán usar diferentes tipos de lámparas. En la siguiente tabla se observa los tipos de lámparas más utilizados para cada localización.

Ámbito de uso	Tipos de lámparas más utilizados (*)
Doméstico	Incandescente (*) Fluorescente Halógenas de Baja Potencia Fluorescentes Compactas

Continúa en página siguiente >>

<< Viene de página anterior

Oficinas	Alumbrado General: Fluorescentes Alumbrado Localizado: Incandescentes(*) y halógenas de baja tensión
Comercial (depende de las dimensiones y características del comercio)	Incandescentes(*) Halógenas Fluorescentes Grandes superficies con techos altos: Lámparas de vapor de mercurio a alta presión y halogenuros metálicos
Industrial	Todos los tipos Luminarias situadas a baja altura (≤ 6 m): Fluorescentes Luminarias situadas a gran altura (≥ 6 m): Lámpara de descarga a alta presión montadas en proyectores Alumbrado localizado: Incandescentes
Deportivo	Luminarias situadas a baja altura: Fluorescentes Luminarias situadas a gran altura: Lámparas de vapor de mercurio a alta presión, halogenuros metálicos y vapor de sodio a alta presión

(*) Tener en cuenta las restricciones de uso impuestas sobre determinados tipos de lámparas indicados en el punto 3.4.

4.2. Criterio de elección de las lámparas en función de sus características

Además de la localización de los puntos de luz, para su elección se deberán tener en cuenta algunas características de las mismas y ver la lámpara más adecuada dependiendo de la propiedad que se desee obtener (*).

- Preferencia de lámpara según sus características fotométricas:
  Según este criterio, el orden de preferencia sería:

  1. Lámparas de sodio de baja presión.
  2. Lámparas de sodio de alta presión.
  3. Lámparas tubulares de fluorescencia de alta frecuencia.

- Preferencia de lámpara según sus características cromáticas:
  Según este criterio, el orden de preferencia sería:

1. Lámparas incandescentes de halógenos.
2. Lámparas incandescentes estándar (*).
3. Lámparas fluorescentes.
4. Lámparas de mercurio con halogenuros metálicos.

■ Preferencia de lámpara según su vida útil (horas):

1. Lámparas de inducción.
2. Lámparas de vapor de mercurio de alta presión.
3. Lámparas de sodio de alta presión.
4. Lámparas fluorescentes.
5. Lámparas incandescentes (*).

(*) Tener en cuenta las restricciones de uso impuestas sobre determinados tipos de lámparas indicados en el punto 3.4.

Aunque la prioridad de elección es la indicada anteriormente, cada caso habrá que estudiarlo de forma individual y tomar una decisión intermedia para que el punto de luz cumpla su función con las mejores características posibles.

 Aplicación práctica

Nuestra empresa "LUMENLUX" dedicada a la distribución de lámparas ha sido adjudicataria de los puntos de luz de un colegio–comedor. Las zonas fundamentales a iluminar son:

▐ Aulas.
▐ Pasillos y distribuidores.
▐ Almacenes.
▐ Comedor.
▐ Salón de actos.

Suponiendo que nuestra empresa cuenta con un surtido de lámparas que ampara casi todos los tipos de lámparas, ¿qué tipos o tipo de lámparas sería la más adecuada?

Continúa en página siguiente >>

<< Viene de página anterior

SOLUCIÓN

Aulas

Las aulas se podrían iluminar con un alumbrado similar al aconsejado para alumbrado doméstico. Por tanto, podrían usarse las lámparas aconsejadas para ese uso. Pero dentro de este grupo serían más aconsejables las fluorescentes, debido a sus mejores características fotométricas y sobre todo a su mayor vida útil. Si hubiera algún aula en la que se precisara características cromáticas especiales podríamos declinarlos por la opción de lámparas incandescentes de halógenos o incandescentes estándar.

Pasillos y distribuidores

Los pasillos y distribuidores tiene el alumbrado similar a un alumbrado general de una oficina, y por tanto un alumbrado mediante fluorescentes sería bastante aconsejable en los mismos.

Almacenes

Los almacenes en un colegio no son lugares que estén con puntos de luz funcionando todo el día. Por tanto, en este caso cualquier lámpara de uso doméstico podría usarse: incandescente, fluorescente, halógenas de baja potencia o fluorescentes compactas. Dentro de ellas sería aconsejable elegir la de menor potencia, pues así su consumo eléctrico sería menor. Aunque sea una de las opciones nunca hay que decantarse por las incandescentes por su poca eficiencia energética.

Comedor

En el comedor al igual que en las aulas serían más recomendables las lámparas fluorescentes, ya que en dicho lugar primarían las características fotométricas a las cromáticas.

Salón de actos

En el salón de actos, por ser un lugar donde primarán las características cromáticas se deberán usar lámparas incandescentes de halógenos.

Actividades

6. Realice una lista de las lámparas instaladas en su domicilio y defina de qué tipo son. ¿Cree que son adecuadas para la función que realizan en cada habitación?

5. Temperatura de color

El color es una interpretación subjetiva, psicofisiológica del espectro electromagnético visible.

El celebro recibe e interpreta las sensaciones luminosas que se producen en la retina, y esto da lugar a las sensaciones monocromáticas o color de la luz.

Por tanto, es importante indicar que los objetos se distinguen por un color que se le asigna por sus propiedades ópticas, pero en ellos ni se produce ni tiene color. Pero, los objetos sí tienen propiedades ópticas de reflejar, refractar y absorber los colores de la luz que reciben.

Así el conjunto de sensaciones monocromáticas aditivas que el cerebro interpretará como el color del objeto dependerá de las características de la luz con la que se ilumina el objeto y de las propiedades que el objeto tenga para reflejar, refractar o absorber la radiación.

5.1. Definición de temperatura de color

La temperatura de color indica el color de una fuente de luz en comparación con el color del cuerpo negro.

El cuerpo negro es aquel que emite luz exclusivamente como consecuencia de la temperatura a la que se encuentra.

Así, el cuerpo negro, al sufrir incandescencia cambia de tono cuando aumenta su temperatura. Pasa de un color rojo no brillante, a un rojo claro, naranja, amarillo y finalmente el blanco, el blanco azulado y el azul. La llama de una vela, tiene un color bastante parecido al de un cuerpo negro a una temperatura de 1800 K (° Kelvin), y así se dice que llama de la vela tiene una "temperatura de color" de 1800 K.

Las lámparas incandescentes por ejemplo, tienen una temperatura de color que está entre 2700 y 3200 K.

Por tanto, la temperatura de color no mide la temperatura, sino que da una idea del color y se aplican a aquellas fuentes de luz que tengan gran semejanza de color con el cuerpo negro.

En la práctica para ver la equivalencia entre color y temperatura de color se usa la siguiente tabla:

Grupo de apariencia de color	Apariencia del color	Temperatura del color
1	Cálida	≤ 3300 K
2	Intermedio	3300 – 5300 K
3	Frío	≥ 5300 K

En las especificaciones del fabricante de la lámpara, es imprescindible obtener el dato de la temperatura de color, e intentar igualar todas las fuentes de luz en función de este parámetro.

Dos o más lámparas adyacentes deberán tener además de la misma potencia y característica de funcionamiento, idéntica temperatura de color, pues si hubiera diferencia entre las mismas, se darían diferencias de tonos que dan lugar a aspectos no deseables.

Actividades

7. Busque cuatro especificaciones técnicas de lámparas e identifique su temperatura del color. ¿Cómo es su apariencia de color?

6. Deslumbramiento

El deslumbramiento es una sensación molesta que se produce cuando en el campo visual del observador existe un objeto o punto cuya luminancia es muyo mayor a la media de la zona de visión del observador. Es lo que ocurre cuando miramos directamente una bombilla o al sol.

Existen dos formas de deslumbramiento, el perturbador y el molesto. El primero provoca una visión borrosa y con poco contraste, pero desaparece al cesar la causa. Dicho deslumbramiento es aquel que ocurre en el ojo cuando al ir conduciendo por la carretera otro coche proyecta las luces largas. El segundo consiste en una sensación molesta provocada porque la luz que percibe el ojo tiene una intensidad alta y da lugar a fatiga visual. Este deslumbramiento es el habitual en el alumbrado de interiores.

Por otro lado, destacar que el deslumbramiento puede darse de forma directa, cuando proviene directamente de fuentes luminosas (lámparas, luminarias o ventanas), que están dentro del campo visual, o reflejado por objetos de gran reflectancia.

 **Definición**

Reflectancia
Es la capacidad que tienen los objetos para reflejar la luz que se emiten sobre ellos. Dicho fenómeno se produce porque las ondas electromagnéticas, en este caso la luz, rebotan en el objeto. El metal pulido, y los espejos son objetos con gran reflectancia.

El deslumbramiento producido por las fuentes luminosas sube a medida que sube la iluminación producida por la fuente sobre la pupila del ojo. También, dicho efecto, es proporcional a un factor que depende del ángulo formado por la línea recta que une el ojo con el foco de luz y el plano horizontal.

En la siguiente figura se indican los deslumbramientos en función de este ángulo, obteniendo como valor admisible un valor de ángulo mínimo de 30°.

Deslumbramientos en función del ángulo φ

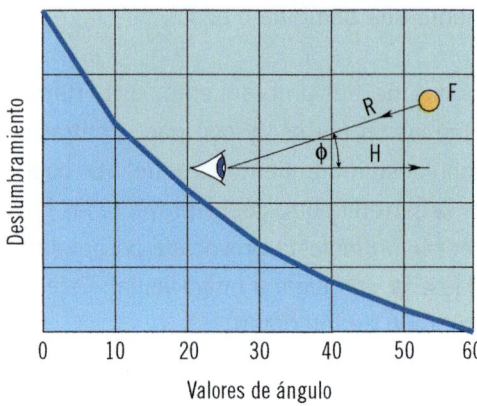

Valores de ángulo

- R: Recta que une el ojo con el foco de luz
- F: Foco de luz
- H: Plano Horizontal
- φ: Ángulo formado por R y F

Destacar que las superficies con algo de brillo y que no sean mates por completo, dan lugar a una reflexión de la luz.

Así, en las instalaciones de iluminación interior no se recomiendan objetos ni superficies pulidas si no son necesarias, y en las oficinas, se debe orientar de manera óptima los puestos de trabajo respecto a las luminarias para evitar deslumbramientos molestos.

 **Actividades**

8. Si dos personas se encuentran en una misma posición dentro de una habitación con una luminaria en el techo, ¿quién será más sensible a sufrir deslumbramiento, la más alta o la más baja? ¿Por qué?

7. Sistemas y métodos de alumbrado

Con el objetivo de conseguir la mayor eficiencia en las instalaciones de iluminación interior, siempre es preciso conocer los sistemas y métodos de alumbrado.

7.1. Sistemas de alumbrado

Al encender una lámpara, el flujo lumínico, puede llegar a los objetos de la sala directamente o indirectamente por reflexión en las paredes y techo. La cantidad de luz llegada directa o indirectamente, determina los diferentes sistemas de iluminación así como sus ventajas y sus inconvenientes.

- **Iluminación directa.** En ella el flujo de las lámparas se dirige hacia el suelo. Su gran ventaja es que se trata de sistema muy económico y con alto rendimiento luminoso. Pero, sin embargo, tiene los inconvenientes, de producir riesgo de deslumbramiento y sombras desagradables para la vista. Para usar dicha iluminación se emplean luminarias directas.
- **Iluminación semidirecta.** En este sistema la mayoría del flujo luminoso se dirige hacia el suelo. Tan solo una pequeña parte es reflejada en el techo y en las paredes. Con esto se consigue disminuir el deslumbramiento y suavizar las sombras producidas. Dicho sistema de iluminación se aconseja para techos no muy altos y sin claraboyas, ya que por ellos perderíamos la luz dirigida hacia el techo.
- **Iluminación difusa.** En el sistema de iluminación difusa, el flujo se reparte a partes iguales entre directo e indirecto. El riesgo de deslumbramiento es bajo y las sombras desaparecen. Los lugares iluminados con este sistema, tienen aspecto monótono y no da relieve a los objetos iluminados. Dichos lugares se deberán pintar con colores claros o blancos, para reducir las pérdidas por absorción de la luz en el techo y paredes.
- **Iluminación semiindirecta.** El sistema semiindirecto se produce cuando la mayor parte del flujo procede del techo y las paredes. Debido a esto, se producen altas pérdidas por absorción y los consumos energéticos suben, por lo que se hace imprescindible colores claros o blancos en paredes y techos. El aspecto es una luz de buena calidad, con pocos deslumbramientos y sombras suaves que dan relieve a los objetos.

■ **Iluminación indirecta.** En este sistema casi todo el flujo va dirigido hacia el techo. Es el sistema más parecido a la luz natural, pero resulta una solución muy cara ya que la absorción es muy elevada, y se hace fundamental pintar el techo con colores que tengan elevada reflectancia, como los colores blancos.

Distintos flujos de luz

━━ Luz directa
━━ Luz indirecta proveniente del techo
━━ Luz indirecta proveniente de las paredes

Actividades

9. Escriba dos ejemplos de lugares iluminados con los distintos tipos de iluminación vistos anteriormente.

7.2. Métodos de alumbrado

Los métodos de alumbrado indican cómo se realiza el reparto de las zonas iluminadas. Según el grado de uniformidad se distinguen los siguientes tipos de alumbrado:

- Alumbrado general.
- Alumbrado localizado.
- Alumbrado general y localizado.
- Alumbrado modularizado.

Alumbrado general

El alumbrado general se caracteriza por una disposición uniforme de puntos de luz. Debido a esta disposición, la iluminación que provee también es uniforme en todo el espacio. Esto conduce a un consumo de energía por alumbrado mayor.

Este método es muy extendido, siendo habitualmente usado en oficinas, centros de enseñanza, fábricas, comercios, etc.

Alumbrado general

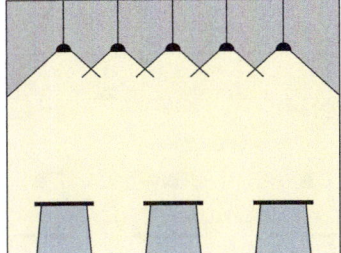

Alumbrado localizado

El alumbrado localizado se caracteriza por una distribución irregular de las luminarias. Este hecho provoca niveles elevados de Iluminancia solo en áreas de interés. Este alumbrado puede provocar importantes proyecciones de sombras.

Alumbrado localizado

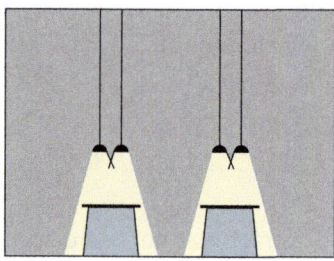

Alumbrado general y localizado

La iluminancia elevada se encuentra solo en algunas zonas. La iluminancia general es reducida respecto a dichas zonas. Por tanto, la uniformidad en general es baja, y pude causar proyección de sombras.

Alumbrado general y localizado

Alumbrado modularizado

La distribución de puntos de luz en el alumbrado modularizado da lugar a una iluminancia media alta y a una uniformidad excelente. Por otro lado, se reducen los contrastes y la proyección de sombras.

Alumbrado modularizado

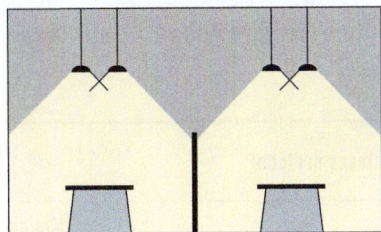

8. Niveles de iluminación

Los niveles de iluminación que se recomiendan para un local dependerán de las actividades que vayamos a realizar en él. De forma general se distinguen entre tareas con requerimientos luminosos mínimos, normales o exigentes. Dicho nivel de iluminación se mide con una de las magnitudes vistas anteriormente: la iluminancia.

- Zonas de requerimientos luminosos mínimos:

    a. **Son:** pasillos, vestíbulos, locales poco utilizados, almacenes, cuartos de máquinas, etc.
    b. **Rango de Iluminancia:** 50–200 luxes.

- Zonas de requerimientos luminosos medios:

    a. **Son:** zonas de trabajo y locales de uso frecuente.
    b. **Rango de Iluminancia:** 200–1000 luxes.

- Zonas de requerimientos luminosos elevados:

    a. **Son:** lugares donde se realizan tareas visuales con elevado grado de detalle.
    b. **Rango de Iluminancia:** mayor a 1000 luxes.

Para mayor claridad en cuanto a los niveles de iluminación en dependencia al uso del local, se presenta el siguiente cuadro con las tareas y usos del local y las iluminancias mínima, recomendada y óptima.

Tareas y clases del local	Niveles de Iluminancia media en servicio (lux)		
	Mínimo	Recomendado	Óptimo
Zonas generales de edificios			
Zonas de circulación, pasillos	50	100	150
Escaleras, escaleras móviles, roperos, lavabos, almacenes y archivos	100	150	200
Centros Docentes			
Aulas, laboratorios	300	400	500
Bibliotecas, salas de estudio	300	500	750
Oficinas			
Oficinas normales, mecanografiado, salas de proceso de datos, salas de conferencias	450	500	750
Grandes oficinas, salas de delineación, CAD/CAM/CAE	500	750	1000
Comercios			
Comercio tradicional	300	500	750
Grandes superficies, supermercados, salones de muestras	500	750	1000
Industrias (en general)			
Trabajos con requerimientos visuales limitados	200	300	500
Trabajos con requerimientos visuales normales	500	750	1000
Trabajos con requerimientos visuales especiales	1000	1500	2000
Viviendas			
Dormitorios	100	150	200
Cuartos de aseo	100	150	200
Cuartos de estar	200	300	500
Cocinas	100	150	200
Cuartos de trabajo o estudio	300	500	750

Aplicación práctica

A nuestra empresa "RECLILU", dedicada a la medida y realización de recomendaciones en cuanto a iluminación interior se le ha encargado la realización de un estudio de iluminancias en un taller de estructuras metálicas. Los datos obtenidos de dicho estudio son los siguientes:

Alumbrado general del taller:

 a. Iluminancia: 150 lux.

Alumbrado de oficinas de delineación:

 b. Iluminancia: 600 lux.

Alumbrado de pasillos y distribuidores:

 c. Iluminancia: 300 lux.

Alumbrado de zona de mecanizado dentro de taller:

 d. Iluminancia: 1500 lux.

¿Qué conclusiones saca de los datos? ¿Qué método de alumbrado sería recomendable usar en cada caso?

SOLUCIÓN

▌ El alumbrado general del taller al ser industrial está bastante bajo. Dado que el taller es zona de trabajo y los requerimientos visuales son normales sería recomendable tener un mínimo de 500 lux, siendo un valor recomendable 750 lux. El método de alumbrado recomendable sería el alumbrado general.
▌ El alumbrado de oficinas de delineación tiene una iluminancia algo baja pero aceptable. En cuanto al método de alumbrado recomendable, sería una combinación de alumbrado general de la oficina con un alumbrado localizado de cada puesto de la oficina, pero siempre teniendo cuidado con las sombras y deslumbramientos que se pudieran producir.
▌ El alumbrado de pasillos es demasiado elevado pues con 150 lux, el pasillo está alumbrado con iluminancia óptima. En dichos lugares se deberá optar por un alumbrado general.
▌ La zona de mecanizado tiene iluminancia apta. En cuanto a la zona se deberá alumbrar mediante un método de alumbrado modular, o combinar el alumbrado localizado con el general, siempre y cuando no se produzcan deslumbramientos ni sombras.

9. Control de instalaciones de alumbrado

El control de las instalaciones de alumbrado se desarrolló gracias a la aplicación de la electrónica de potencia. Los componentes tienen la capacidad de manejar las corrientes y tensiones de las lámparas.

Dentro de estos sistemas se encuentra el Sistema Automático de Control de Iluminación (SACI). Este sistema de control de la Iluminación tiene la misión de realizar las siguientes funciones:

- Encendido de la iluminación.
- Apagado de la iluminación.
- Atenuado de la iluminación (control del flujo luminoso).

Por tanto, los SACI, aparecen como alternativa y complementan el control manual del alumbrado. Gracias a ellos, las tareas se realizan de manera automática y de acuerdo a un patrón establecido, el cual se orientará al ahorro energético en función de las siguientes variables:

- **Equilibrio de nivel de iluminancia por luz artificial o natural:** se usan sensores o células, que ponen en funcionamiento el alumbrado interior o lo intensifican en caso de que el alumbrado exterior sea insuficiente o esté por debajo de un valor indicado.
- **Nivel de ocupación de los locales:** se consigue con sensores que miden la ocupación de ciertos locales u oficinas, y, que controlan e intensifican el alumbrado interior.
- **Horario de ocupación de los locales:** se consigue con relojes controladores u otros aparatos más complejos, que son programados previamente, para que produzcan una iluminación determinada en un tiempo determinado.

En cuanto a la complejidad de los SACI, se distinguen desde los simples relojes controladores de iluminación hasta los módulos de control conectados a centrales de administración de alta complejidad y control domótico del edificio, en el que se unen al control de la iluminación el control de las luces de emergencia, la señalización de salidas de emergencia, las alarmas de seguridad, etc.

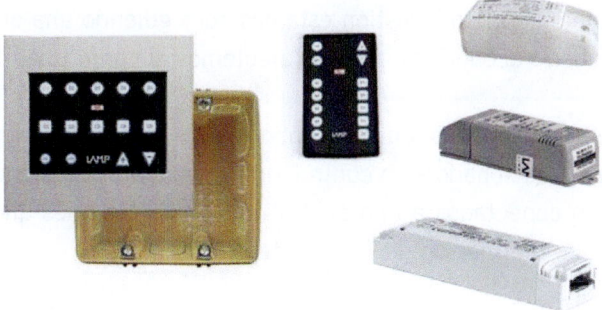

Elementos de sistema domótico de control de iluminación

Actividades

10. Escriba cuatro ventajas y cuatro inconvenientes respecto a los sistemas manuales y automáticos de control de la iluminación.

10. Telegestión

La telegestión es el control remoto de la iluminación mediante complejos sistemas electrónicos. Dichos sistemas permiten hacer un uso eficiente de la iluminación artificial combinada con la natural, así como un aprovechamiento óptimo de la misma.

10.1. Objetivos, descripción y funciones de un sistema de telegestión de alumbrado interior

El **objetivo fundamental** de la gestión del alumbrado interior es dotar a las oficinas, locales, hogares, etc., de un sistema que sea capaz de combinar el ahorro energético, mediante la regulación de las luminarias dependiendo de la luz solar, con el confort del usuario de la instalación.

Así por tanto con la telegestión estamos consiguiendo una eficiencia energética y un ahorro económico, pero no afectamos al confort del usuario.

Los sistemas de telegestión de alumbrado interior se basan en la existencia de una serie de accionadores o controladores, sensores y gestores de red, que se encuentran conectados a una central de comunicaciones que permitirá el flujo de toda la información de gestión de la iluminación.

A esta central se le conecta un ordenador, con el que se ha realizado la puesta en marcha y configuración del sistema. Gracias a este ordenador se pueden configurar todas las partes por las que se constituye el edificio.

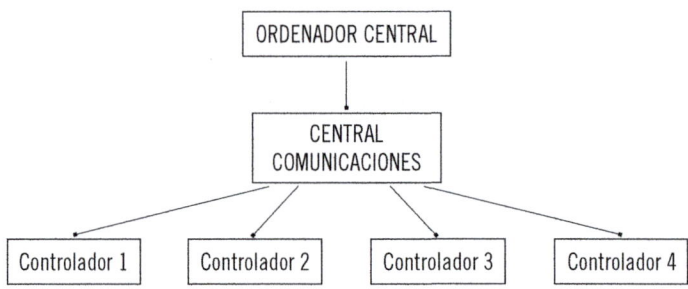

Así, por ejemplo, se podrá configurar la iluminación para que se encienda si el nivel de ocupación del local está por encima de ciertos valores mediante un sensor detector de presencia, o se podrá incrementar la iluminación de un local si se cerciora mediante una fotocélula que ha disminuido la iluminación natural

Una gran ventaja de la telegestión es que se puede controlar la instalación mediante internet.

Las **funciones** principales que realiza un sistema de telegestión en una instalación de alumbrado interior son:

- Encendido y apagado del alumbrado.
- Determinación del nivel de alumbrado en función de la luz solar y del apagado de otras luminarias por no detectar presencia de gente.

■ Vincular el encendido de corredores si se detecta presencia de personas en las habitaciones colindantes a ese corredor o pasillo.

11. Resumen

Para conseguir los objetivos de ver en la oscuridad y hacer los objetos visibles, hay que estudiar de manera especial las características de la luz y la forma de medirla.

Asimismo, es fundamental conocer las diferentes tipos de lámparas y luminarias que se encuentran formando el punto de luz, que será en sí la fuente productora de iluminación.

Pero de nada sirve un amplio conocimiento de características y conocimientos, sino olvidamos el uso funcional de la iluminación. Es muy importante tener en cuenta que sistema o método de alumbrado se quiere obtener de acuerdo a nuestras necesidades, siempre teniendo en cuenta que se deberá optimizar la instalación de iluminación desde el punto de vista energético.

Elementos importantes de optimización, de las instalaciones de iluminación, son aparatos encargados del control de la instalación.

Con una combinación adecuada de conocimiento del tipo de lámpara y luminaria, y de su funcionamiento, así como del lugar que se quiera iluminar, se conseguirá realizar una iluminación interior óptima y precisa.

Ejercicios de repaso y autoevaluación

1. **Indique si las siguientes afirmaciones son verdaderas o falsas.**

    a. Los elementos fundamentales de los equipos de encendido son los balastos, los arrancadores y los cebadores.

        ☐ Verdadero
        ☐ Falso

    b. Los arrancadores se usan única y exclusivamente en las lámparas de sodio de alta presión y de baja presión.

        ☐ Verdadero
        ☐ Falso

    c. El cebador es un dispositivo empleado en las lámparas halógenas para su encendido.

        ☐ Verdadero
        ☐ Falso

2. **Complete la siguiente oración.**

El flujo luminoso indica la cantidad de luz emitida o radiada (detectada por el ojo), en _____, en todas las direcciones. A este concepto también se le llama _____ propia de la lámpara o _____.

3. **¿Cuál de los siguientes elementos NO es un componente de las luminarias?**

    a. Sistema óptico.
    b. Carcasa o armadura.
    c. Casquillo.
    d. Equipo eléctrico.

4. **Explique brevemente las medidas de protección necesarias para llevar a cabo un funcionamiento eléctrico seguro.**

_____

_____

5. **Enumere los siguientes tipos de lámparas por orden de prioridad según sus características cromáticas.**

    a. Lámparas fluorescentes.
    b. Lámparas incandescentes de halógenos.
    c. Lámparas de mercurio con halogenuros metálicos.
    d. Lámparas incandescentes estándar.

6. **Relacione los siguientes conceptos con su correspondiente definición.**

    a. Reflector.
    b. Difusor.
    c. Filtro.

    __ Sirve de cierre de la luminaria en la dirección del rayo lumínico.
    __ Su función es la de potenciar o disminuir algunas características de la radiación luminosa.
    __ Su función es modelar la forma y dirección del flujo de la lámpara.

7. **¿Son los siguientes enunciados verdaderos o falsos? En caso de ser falsos, modifíquelos.**

    a. La luminancia es la luminosidad producida por una superficie en la retina del ojo.

        ☐ Verdadero
        ☐ Falso

    b. Los objetos tienen diferente luminancia, a pesar de estar bajo un mismo nivel de iluminación.

        ☐ Verdadero
        ☐ Falso

c. El aparato encargado de medir la luminancia es el luxómetro.

☐ Verdadero
☐ Falso

d. La unidad de medida de la luminancia es el Lux.

☐ Verdadero
☐ Falso

8. **Indique en el siguiente dibujo las distintas partes o elementos de una luminaria (el primero ha sido dado a modo de ejemplo).**

Cuerpo

9. **¿Cuáles son las funciones fundamentales de un sistema de telegestión?**

_____

_____

_____

_____

10. ¿Qué se puede deducir con la fórmula de la luminancia?

    a. A medida que el flujo luminoso sobre una superficie sea menor, aumentará su iluminancia.

    b. A medida que el flujo luminoso sobre una superficie sea mayor, también lo será su iluminancia.

    c. A medida que el flujo luminoso sobre una superficie sea menor, habrá igual iluminancia.

11. ¿Dónde se suelen situar las luminarias en las instalaciones industriales con techos altos?

_____

_____

_____

_____

12. ¿Cuál de las siguientes opciones no es correcta?

    a. Con la iluminación directa se corre el riesgo de producir deslumbramientos.

    b. Se aconseja para techos no muy altos una iluminación semidirecta.

    c. El flujo de las lámparas se dirige hacia el suelo y las paredes en una iluminación directa.

    d. La iluminación directa es el sistema más ventajoso desde un punto de vista económico.

13. Relacione los siguientes conceptos con su correspondiente unidad de medida.

    a. Luminancia.

    b. Iluminancia.

    c. Longitud de ondas.

    ___ Lux.

    ___ Nanómetro.

    ___ Candela/metro.

14. ¿Qué tipo de alumbrado daría lugar a una iluminancia media alta y a una uniformidad excelente?

_____

_____

_____

_____

15. Indique qué iluminancia requieren las siguientes zonas: mínima, media o elevada.

    a. Vestíbulo.
    b. Local de uso frecuente.
    c. Almacén.
    d. Pasillo.
    e. Lugares donde se realizan tareas visuales.

Capítulo 2
Instalaciones de alumbrado exterior

Contenido

1. Introducción

En el capítulo anterior referente a las instalaciones de alumbrado interior se describieron las partes, elementos y principales características de las instalaciones de alumbrado interior.

Este capítulo, por el contrario, trata de las instalaciones de alumbrado exterior. El alumbrado exterior es fundamental para el desarrollo de la mayor parte de las actividades que se realizan en la vida cotidiana, desde el alumbrado de carreteras y autovías, necesario para garantizar la seguridad en la circulación, al alumbrado navideño.

Por ello, es necesario conocer sus características y los requisitos que establece la normativa y que son necesarios cumplir.

En los siguientes apartados se describirán los principales parámetros que caracterizan al alumbrado exterior, las diferentes tipologías existentes y las partes y elementos de este tipo de alumbrado.

2. Parámetros y unidades de iluminación

En este apartado se describirán los principales parámetros y unidades de iluminación que son necesarios conocer para el entendimiento del diseño y funcionamiento de las instalaciones de iluminación exterior.

Estos parámetros, con sus correspondientes unidades, son los siguientes:

- Deslumbramiento. Índice de deslumbramiento.
- Eficacia luminosa de una lámpara y su rendimiento.
- Flujo luminoso y flujo hemisférico superior.
- Iluminación horizontal y vertical en un punto de una superficie.
- Iluminancia media y mínima horizontal.
- Intensidad luminosa.
- Luminancia de velo y luminancia de velo equivalente producida por el entorno.
- Luminancia media de una superficie.

- Luz intrusa o molesta.
- Relación entorno.
- Resplandor luminoso nocturno, luz intrusa o molesta.
- Uniformidad global, longitudinal, media y general de iluminancias.
- Eficiencia energética.

A continuación se realiza una descripción de cada uno de ellos.

2.1. Deslumbramiento. Índice de deslumbramiento

El deslumbramiento puede ser de dos tipos diferentes, que son los siguientes:

1. **Deslumbramiento molesto:** corresponde a la sensación molesta o desagradable que se produce cuando existe uno o varios puntos luminosos en el campo de visión.
2. **Deslumbramiento perturbador:** se produce cuando una o varias fuentes de luz reducen la visión. Este efecto no tiene porqué ser molesto, ya que su efecto es únicamente la perturbación en la visión. El deslumbramiento perturbador se mide mediante el incremento de umbral de contraste, cuyo símbolo es el TI y carece de unidades. Este índice mide la pérdida de visión producida por una luminaria o fuente de luz.

El incremento de umbral de contraste se calcula mediante la siguiente fórmula:

$$TI = 65 \, \frac{Lv}{(Lm)^{0,8}} \; (en\%)$$

Donde:

- TI: incremento de umbral de contraste.
- Lv: luminancia de velo total (cd/m^2).
- Lm: luminancia media de la calzada (cd/m^2).

Cuando la luminancia media de la calzada tiene un valor superior a 5 cd/m², se utiliza la siguiente fórmula:

$$TI = 95 \frac{Lv}{(Lm)^{1,05}} \ (en\%)$$

Por otra parte, se define el índice de deslumbramiento, que se utiliza para definir el nivel de deslumbramiento (GR). Este índice se calcula con la siguiente fórmula:

$$GR = 27 + 24 \log \frac{Lv}{Lve^{0,9}}$$

Donde:

- GR: índice de deslumbramiento.
- Lv: luminancia de velo total (cd/m²).
- Lve: luminancia de velo equivalente producida por el entorno (cd/m²).

 Nota

En los siguientes apartados se describirán los conceptos de luminancia de velo y luminancia media de la calzada o de una superficie y la luminancia de velo equivalente producida por el entorno.

Deslumbramiento molesto

2.2. Eficacia luminosa de una lámpara y su rendimiento

La eficacia luminosa y rendimiento de una lámpara se define como el cociente entre el flujo luminoso emitido por una lámpara y la potencia consumida por la misma.

Su unidad de medición es el lm/W o lumen/vatio.

 Definición

Lumen
Unidad para medir el flujo luminoso de una lámpara. Está reconocida en el Sistema Internacional de Medidas como una unidad más, como el metro o el kilogramo.

2.3. Flujo luminoso y flujo hemisférico superior

El flujo luminoso se define como la potencia emitida en forma de radiación visible por una fuente luminosa o lámpara y evaluada según su capacidad de producir sensación luminosa, teniendo en cuenta la variación de la sensibilidad del ojo con la longitud de onda. La unidad de medida es el lumen (lm) y su símbolo es el Φ.

Por otra parte, el flujo hemisférico superior se define como la proporción en % del flujo de una luminaria que se emite sobre el plano horizontal que pasa por el centro óptico de la luminaria respecto al flujo total saliente de la luminaria, cuando la misma está montada en su posición de instalación.

Por tanto, el **flujo hemisférico superior** es una medida de la cantidad de flujo que no está siendo aprovechada correctamente, ya que este flujo tiene utilidad a efectos de iluminación, pues está dirigiendo el flujo luminoso a una zona que no es necesario iluminar.

El **flujo hemisférico inferio**r se define, además, como la proporción de flujo (expresada en porcentaje, %) que es emitida por debajo del plano horizontal de la luminaria respecto del total de flujo emitido por la luminaria.

Flujo hemisférico superior

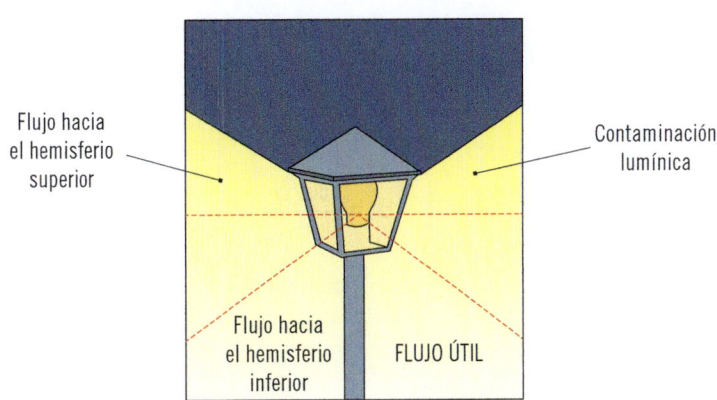

|77

Definición

Contaminación lumínica
Es un tipo más de contaminación, como la contaminación producida por los automóviles, y que afecta a la vida de muchos animales, ya que altera sus ciclos entre el día y la noche.

Actividades

1. ¿Qué efectos puede tener el flujo hemisférico superior en el consumo de energía?

2.4. Iluminancia horizontal y vertical en un punto de una superficie

La iluminancia horizontal en un punto de la superficie depende del flujo luminoso que incide sobre la superficie que contiene el punto y la superficie del propio punto en sí. Su símbolo es el Eh y se mide en lumen/m² (lm/m² o lux). Su fórmula es la siguiente y se calcula en función de la intensidad luminosa que incide en dicho punto, en la dirección del mismo, y de la altura h de montaje de la luminaria.

$$Eh = \frac{I \cos^3 \alpha}{h^2}$$

Donde:

- Eh: iluminancia horizontal.
- I: intensidad luminosa (en candelas, cd).

- α: ángulo entre la dirección de incidencia y la vertical.
- h: altura de la luminaria.

Por otra parte, la iluminancia vertical en un punto de una superficie s depende de la intensidad que incide en el propio punto y la altura de la luminaria. Su símbolo es el Ev y se mide en lumen/m² (lm/m² o lux). Su fórmula es la siguiente:

$$Ev = \frac{I \operatorname{sen}\alpha \cos^2\alpha}{h^2}$$

Donde:

- Ev: Iluminancia vertical.
- I: Intensidad luminosa (en candelas, cd).
- α: Ángulo entre la dirección de incidencia y la vertical.
- h: Altura de la luminaria.

Iluminancia horizontal y vertical

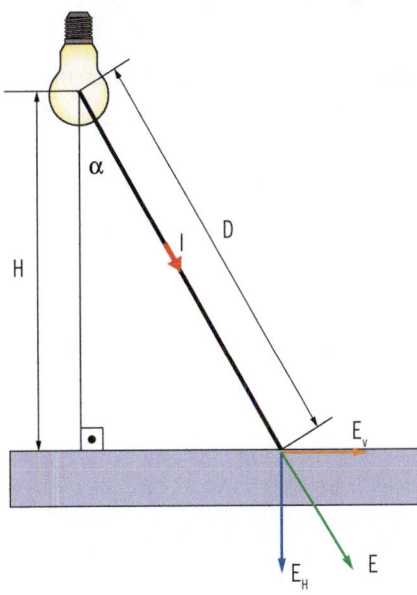

Ejemplo

Calcule la iluminancia horizontal y vertical en un punto de la superficie considerando que el flujo luminoso se encuentra a una altura de 2 m, tiene una intensidad luminosa de 80 cd y forma un ángulo de 45° respecto de la vertical.

De la información de partida se obtienen los siguientes datos:

I I: intensidad luminosa = 80 cd.
I α: ángulo entre la dirección de incidencia y la vertical = 45°.
I h: altura de la luminaria = 2 m.

Aplicando las fórmulas descritas anteriormente se obtienen la iluminancia horizontal y vertical, que son las siguientes:

I $Eh = I \cos^3\alpha / h^2 = 80 \times \cos^3 45 / (2 \times 2) = 7{,}07$ lx
I $Ev = I \operatorname{sen}\alpha \cos^2\alpha / h^2 = 80 \times \operatorname{sen} 45 \times \cos^2 45 / (2 \times 2) = 7{,}07$ lx

Por tanto, la iluminancia horizontal será de 7,07 lx y la iluminancia vertical de 7,07 lx.

2.5. Iluminancia media y mínima horizontal

La iluminancia media horizontal es el valor medio de la iluminancia horizontal existente en todos los puntos de una superficie. Su símbolo es el Ehm y se mide en lm/m² o lux.

La iluminancia mínima horizontal es el valor mínimo de la iluminancia horizontal de una superficie. Su símbolo es el Ehmín y se mide en lm/m² o lux.

El concepto de iluminancia horizontal se ha descrito gráficamente en la definición anterior.

2.6. Intensidad luminosa

La intensidad luminosa se define como la cantidad de flujo luminoso emitida por una fuente o lámpara por unidad de ángulo sólido. Esta magnitud tiene característica direccional. Su símbolo es el I y su unidad la candela (cd).

Intensidad luminosidad

Unidad de
ángulo

 **Actividades**

2. Busque información sobre el origen de la unidad de medida de la candela.

2.7. Luminancia de velo y luminancia de velo equivalente producida por el entorno

La luminancia de velo se define como la luminancia que incide sobre el ojo de una persona y que tiene como consecuencia que no se vea parcialmente un objeto o velado, ya que disminuye la facultad del ojo para apreciar contrastes. Su símbolo es el Lv y su unidad la cd/m^2.

La luminancia de velo siempre se produce por la incidencia de la luz en el plano perpendicular del ojo de la persona.

Su fórmula es la siguiente:

$$Lv = K \, \frac{Eg}{\theta^2}$$

Donde:

- Lv: luminancia de velo.
- K: depende de las características y facultades del ojo de la persona, pero se suele tomar un valor medio de 10.
- Eg: iluminancia sobre el ojo medida sobre el plano perpendicular de la dirección del ojo.
- θ = ángulo entre la línea de visión y el ojo de la persona.

Luminancia de velo

Fuente de deslumbramiento

θ

E_{ojo}

Dirección visual

Si se considera que la reflexión del entorno es totalmente difusa, la luminancia de velo se definiría como luminancia de velo equivalente producida por el entorno Su símbolo es el Lve y su unidad la cd/m^2.

Se calcula mediante la siguiente fórmula:

$$Lev = \frac{0,035 \cdot r \cdot Ehm}{\pi}$$

Donde:

- Lve: luminancia de velo equivalente producida por el entorno.
- r: coeficiente de reflexión del área.
- Ehm: iluminancia media horizontal.

Definición

Coeficiente de reflexión del área (r)

Es el coeficiente que mide la cantidad de flujo luminoso que es reflejada por el área o superficie y depende del material de la que esté hecha dicha superficie y de las condiciones atmosféricas.

2.8. Luminancia media de una superficie

La luminancia media de una superficie es el valor medio de la luminancia en cada uno de los puntos de dicha superficie.

La luminancia de un punto de una superficie es la intensidad luminosa que dicha superficie refleja en la misma dirección del ojo de la persona. Su símbolo es L y su unidad la cd/m^2

Su fórmula es la siguiente:

$$L = I\, r\, /\, h^2$$

Donde:

- L: luminancia de una superficie en un punto.
- r: coeficiente de reflexión de la superficie.
- h: altura de la luminaria.

Luminancia de una superficie

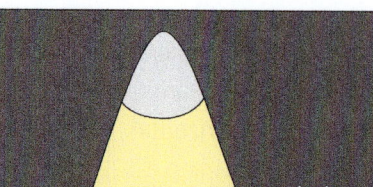

2.9. Luz intrusa o molesta

La luz intrusa o molesta se define como aquella luz que es emitida por una instalación de alumbrado exterior pero que resulta molesta para las personas.

Esta molestia puede alterar el descanso de las personas o puede interferir en el desarrollo de la vida cotidiana, como la conducción de vehículos.

Luz intrusa o molesta

Actividades

3. La luz intrusa o molesta es muy común. Por ello, pruebe a darse un paseo nocturno por su barrio o calles e intente detectar aquellas luces que podrían ser calificadas como intrusas o molestas porque invaden las viviendas de las personas, especialmente aquellas situadas en la primera y segunda plantas.

4. ¿Qué medidas propondría para reducir esta luz intrusa o molesta?

2.10. Relación entorno

Relación entre la iluminancia media de la zona situada en el exterior de la calzada y la iluminancia media de la zona adyacente situada sobre la calzada, en ambos lados de los bordes de la misma.

Para realizar este cálculo, se debe considerar como mínimo la anchura de una calzada, siendo deseable una distancia de al menos 5 metros.

Relación entorno

2.11. Resplandor luminoso nocturno

Luminosidad o brillo nocturno producido, entre otras causas, por la luz procedente de las instalaciones de alumbrado exterior, bien por emisión directa hacia el cielo o reflejada por las superficies iluminadas.

Resplandor nocturno

Sabía que...

Tanto la luz intrusa o molesta y el resplandor luminoso nocturno pueden afectar al descanso de las personas porque no se consigue una situación de oscuridad suficiente y necesaria para conciliar el sueño. Esto puede afectar seriamente al descanso y a la vida de las personas, por lo que es necesario considerarlos muy seriamente.

2.12. Uniformidad global, longitudinal, media y general de iluminancias

La **uniformidad global de iluminancias** se define como el cociente entre la iluminancia mínima y la media de la superficie de la calzada. No tiene unidades, pero su símbolo es el Uo.

La **uniformidad longitudinal de iluminancias** es la relación entre la luminancia mínima y la máxima en el mismo eje longitudinal de los carriles de circulación de la calzada, adoptando el valor menor de todos ellos). No tiene unidades, pero su símbolo es el Ul.

La **uniformidad media de iluminancias** se define como el cociente entre la iluminancia mínima y media de la superficie de la calzada. No tiene unidades, pero su símbolo es el Um.

La **uniformidad general de iluminancias** se define como el cociente entre la iluminancia mínima y máxima de la superficie de la calzada. No tiene unidades, pero su símbolo es el Ug.

2.13. Eficiencia energética

La eficiencia energética de una instalación exterior depende de la superficie iluminada, de la iluminancia media y de la potencia total de la instalación. Su símbolo es el ε y su unidad m² lux/W.

Su fórmula es la siguiente:

$$\varepsilon = S\,\frac{Em}{P}$$

Donde:

- ε: eficiencia energética.
- Em: iluminancia media.
- P: potencia total.

Igualmente, la eficiencia energética depende de la eficiencia de la lámpara y los equipos auxiliares, el factor de mantenimiento y el factor de utilización. Su fórmula en este caso sería la siguiente:

$$\varepsilon = \varepsilon L \cdot fm \cdot fu$$

Donde:

- ε: eficiencia energética.
- εL: eficiencia energética de la lámpara y los equipos auxiliares.
- fm: factor de mantenimiento.
- fu: factor de utilización.

La eficiencia energética de la lámpara y los equipos auxiliares se define como la relación entre el flujo luminoso de una lámpara y la potencia consumida por el conjunto de la lámpara y sus equipos auxiliares necesarios.

El factor de mantenimiento es la relación entre los valores de iluminancia que se deben mantener a lo largo de toda la vida útil de la lámpara y sus valores iniciales.

El factor de utilización se define como el flujo útil procedente de las luminarias que llega a la calzada o superficie a iluminar y el flujo emitido por las lámparas instaladas en las luminarias.

 Ejemplo

Si todo el flujo que es emitido por una lámpara es utilizado, entonces el factor de utilización sería del 100 %. Sin embargo, en la vida real esto no es posible, por el diseño de las luminarias, de las lámparas, de las calzadas, etc.

3. Tipos de alumbrado exterior

Las instalaciones de alumbrado exterior pueden ser de tipos muy diferentes. El Reglamento de eficiencia energética las clasifica en los siguientes tipos:

- Vial (funcional y ambiental).
- Festivo y navideño.
- Otras instalaciones de alumbrado.

A continuación se realiza una descripción de cada una de ellas.

3.1. Vial (funcional y ambiental)

Las instalaciones de alumbrado vial son aquellas que se utilizan en las vías públicas de libre circulación, tanto de personas como de cualquier tipo de vehículo.

Las instalaciones de alumbrado vial se dividen a su vez en dos tipos:

- Funcional.
- Ambiental.

Las vías públicas se clasifican en función de diferentes situaciones de proyecto, que están definidas en la siguiente tabla.

SITUACIONES DE PROYECTO PARA CADA TIPO DE VÍA		
Situación de proyecto	Tipo de vía	Velocidad del tráfico (km/h)
A	Alta velocidad	$v > 60$
B	Moderada velocidad	$30 < v \le 60$
C	Carriles bici	-
D	Baja velocidad	$5 < v \le 30$
E	Peatonal	$V \le 5$

Por tanto, las situaciones de proyecto A y B hacen referencia a vías con alta velocidad de circulación, mientras que las situaciones de proyecto C, D y E a vías con velocidad de circulación muy inferior.

De esta manera, se pueden determinar las instalaciones de **alumbrado vial** que se han de utilizar para cada vía. Las instalaciones de alumbrado vial funcional son aquellas que pertenecen a las situaciones de proyecto A y B, mientras que las instalaciones de alumbrado vial ambiental pertenecen a las situaciones de proyecto C, D y E.

Alumbrado vial funcional

Alumbrado vial ambiental

3.2. Festivo y navideño

En las instalaciones de alumbrado festivo y navideño, la potencia máxima instalada por unidad de superficie será la siguiente:

POTENCIA MÁXIMA INSTALADA POR UNIDAD DE SUPERFICIE		
Anchura de la calle entre fachadas	Potencia máxima instalada por unidad de superficie (W/m²)°	
	N.º de horas al año de funcionamiento mayor de 200 horas	N.º de horas al año de funcionamiento entre 100 y 200 horas
Hasta 10 m	10	15
Entre 10 y 20 m	8	12
Más de 20 m	6	9

No existe límite en la potencia máxima instalada por unidad de superficie si la duración del funcionamiento del alumbrado es inferior a las 100 horas anuales. Asimismo, la potencia de las lámparas incandescentes será igual o inferior a 15 W.

Alumbrado navideño

3.3. Otras instalaciones de alumbrado

Existen otras instalaciones de alumbrado exterior que no pertenecen a los grupos descritos hasta ahora (alumbrado vial, funcional y ambiental, y alumbrado festivo y navideño). Estas instalaciones son las siguientes:

- Alumbrado específico (pasarelas peatonales, pasos subterráneos peatonales, etc.).
- Alumbrado ornamental.
- Alumbrado para vigilancia y seguridad nocturna.
- Alumbrado de señales y anuncios luminosos.

Alumbrado específico: pasarela peatonal

Alumbrado ornamental

Alumbrado para vigilancia y seguridad nocturna

Alumbrado de señales y anuncios luminosos

Para la instalación de este tipo de alumbrado se deben considerar los siguientes requisitos detallados en la Instrucción Técnica Complementaria EA-01:

- Solamente se debe iluminar la zona o superficie específica y que es objeto de la iluminación.
- Las lámparas han de tener una eficacia luminosa alta, y nunca inferiores a los detallados en la siguiente tabla.

EFICACIA LUMINOSA POR TIPO DE ALUMBRADO

Tipo de alumbrado	Eficacia luminosa (lum/W)
Vigilancia y seguridad nocturna Señales y anuncios luminosos	40
Alumbrados vial, específico y ornamental	65

- El rendimiento luminoso de las luminarias y proyectores ha de ser muy elevado, como se muestra a continuación.

RENDIMIENTO POR TIPO DE ALUMBRADO

	Otras instalaciones de alumbrado	
	Luminarias	Proyectores
Rendimiento	≥ 60 %	≥ 55 %

- El equipo auxiliar debe presentar unas pérdidas mínimas y según los siguientes valores potencia máxima.

POTENCIA MÁXIMA DEL TOTAL DEL CONJUNTO DE ILUMINACIÓN

Potencia nominal de la lámpara (W)	Potencia total del conjunto (W)			
	SAP	HM	SBP	VM
18	-	-	23	-
35	-	-	42	-
50	62	-	-	60
55	-	-	65	-

Continúa en página siguiente >>

<< Viene de página anterior

POTENCIA MÁXIMA DEL TOTAL DEL CONJUNTO DE ILUMINACIÓN

Potencia nominal de la lámpara (W)	Potencia total del conjunto (W)			
	SAP	HM	SBP	VM
70	84	84	-	-
80	-	-	-	92
90	-	-	112	-
100	116	116	-	-
125	-	-	-	139
150	171	171	-	-
180	-	-	215	-
250	277	270-277	-	270
400	435	425-435	-	425

Recuerde

En el capítulo anterior se describieron los diferentes tipos de lámparas que se muestran en la tabla superior:

▌ SAP: lámpara de vapor de sodio a alta presión.
▌ HM: lámpara de halogenuros metálicos.
▌ SBP: lámpara de vapor de sodio a baja presión.
▌ VM: lámpara de vapor de mercurio.

■ El factor de utilización será el más elevado posible según la siguiente tabla.

FACTOR DE UTILIZACIÓN		
	Otras instalaciones de alumbrado	
	Luminarias	Proyectores
Factor de utilización	≥ 0,25	≥ 0,30

■ El factor de mantenimiento será el más elevado posible.

Recuerde

El factor de mantenimiento es la relación entre los valores de iluminancia que se deben mantener a lo largo de toda la vida útil de la lámpara y sus valores iniciales.

El factor de utilización es la relación entre el flujo útil y el flujo emitido por la lámpara.

Actividades

5. Piense en un ejemplo para cada tipo de alumbrado descrito en este apartado: alumbrado ornamental, para vigilancia y seguridad nocturna y de señales y anuncios luminosos.
6. Según lo estudiado, ¿qué implica que el factor de utilización y de mantenimiento sea muy elevado?

Aplicación práctica

En la empresa de alumbrado exterior en la que trabaja, tiene que diseñar el tipo de alumbrado que se va a utilizar para la iluminación de un monumento de interés cultural.

¿Cuál será la eficacia luminosa del alumbrado? La eficacia luminosa que se ha determinado es de 50 lum/W, ¿es correcto?

Teniendo en cuenta que se van a utilizar dos tipos de lámparas, una de vapor de sodio a alta presión y otra de vapor de mercurio, ¿cuál será la potencia máxima de todo el conjunto de alumbrado si la potencia nominal de lámpara de vapor de sodio a alta presión es de 100 W y la de vapor de mercurio de 80 W?

SOLUCIÓN

En primer lugar es necesario determinar el tipo de alumbrado en cuestión. Como se trata de la iluminación de un monumento de interés cultural, no se trata de alumbrado vial, ni navideño ni de seguridad, sino de ornamental.

Por lo tanto, y según se menciona en las tablas superiores, la eficacia luminosa debe ser de 65 lum/W.

Dado que la eficacia luminosa que se ha determinado es de 50 lum/W, se concluye que esta eficacia no es correcta, pues debe ser de 65 lum/W.

Consultando las tablas anteriores se obtiene que la potencia máxima de todo el conjunto de alumbrado sea la siguiente:

- Para la lámpara de vapor de sodio a alta presión con una potencia de 100 W, la potencia máxima del conjunto será de 116 W.
- Para la lámpara de vapor de mercurio con una potencia de 80 W, la potencia máxima del conjunto será de 92 W.

4. Calificación energética de las instalaciones

La calificación energética es obligatoria, como así lo establece el Reglamento de eficiencia energética en instalaciones de alumbrado exterior en sus artículos 5 y 10.

En el artículo 5 de este Reglamento se menciona lo siguiente:

Las instalaciones de alumbrado exterior se calificarán energéticamente en función de su índice de eficiencia energética, mediante una etiqueta de calificación energética según se especifica en la ITC-EA-01. Dicha etiqueta se adjuntará en la documentación del proyecto y deberá figurar en las instrucciones que se entreguen a los titulares, según lo especificado en el artículo 10 del reglamento.

Mientras que en el artículo 10 se cita:

La documentación de las instalaciones y el manual de instrucciones para el usuario, así como la revisión y, cuando proceda, la inspección inicial, deberán complementarse con lo dispuesto en el presente reglamento

La ITC EA-01 a la que hace referencia el artículo 5 del Reglamento es la Instrucción Técnica Complementaria EA-01. En esta Instrucción Técnica se hace referencia a la calificación energética de las instalaciones de alumbrado, por lo que es obligatorio el cumplimiento en lo que se mencione en esta Instrucción Técnica Complementaria respecto a la calificación energética.

De acuerdo a esta Instrucción Técnica Complementaria EA-01, es necesario que las instalaciones de alumbrado exterior sean calificadas energéticamente en función de su índice de eficiencia energética.

Todas las instalaciones de alumbrado exterior deben ser calificadas energéticamente, excepto las instalaciones de alumbrado de señales y anuncios luminosos y las instalaciones de alumbrado festivo y navideño.

El **índice de eficiencia energética** se define como la división entre la eficiencia energética de la instalación y la eficiencia energética de referencia, que depende del nivel de iluminancia medio en servicio proyectada. La fórmula del índice de eficiencia energética sería la siguiente:

$$I\varepsilon = \varepsilon \,/\, \varepsilon R$$

- I ε = índice de eficiencia energética.
- ε = eficiencia energética de la instalación.
- εR = eficiencia energética de referencia.

 Recuerde

La uniformidad puede ser de varios tipos: uniformidad global, longitudinal, media y general de iluminancias.

 Actividades

7. ¿Por qué cree que no es necesaria que las instalaciones de alumbrado festivo y navideño no sean calificadas energéticamente?
8. ¿Por qué es necesario definir una categoría de calificación energética de la instalación y no basta con el índice de calificación energética? Busque catálogos de instalaciones de alumbrado exterior la calificación energética de sus instalaciones. Estos catálogos están disponibles en cualquier portal *online* de las empresas del sector.

5. Niveles de iluminación

La luz que incide sobre un lugar es un factor que influye de manera importante en los trabajos o tareas que se realizan en dicho lugar. La luz determina la visibilidad del entorno, afecta a la agudeza visual y a la capacidad de diferenciar los distintos niveles de iluminación o contrastes y los diferentes colores.

Según el ITC-EA-02 del Reglamento de Eficiencia Energética, se entiende por nivel de iluminación *el conjunto de requisitos luminotécnicos o fotométricos (luminancia, iluminancia, uniformidad, deslumbramiento, relación de entorno, etc.) cubiertos por la presente instrucción. En alumbrado vial, se conoce también como clase de alumbrado.*

En un principio, parece evidente que cuanto mayor es la cantidad de luz existente sobre un espacio, la calidad de la iluminación será mayor, pero si la iluminación es excesiva se pueden producir efectos perjudiciales como puede ser el deslumbramiento. Por lo tanto, se deberá intentar obtener el nivel de iluminación adecuado a la tarea o espacio que se pretende iluminar, pero evitando los efectos perjudiciales del exceso de iluminación.

Así, se observa que algunos de los parámetros y unidades expuestos en el capítulo, ayudan a cuantificar los niveles de iluminación que se requieren bajo determinados factores.

5.1. Niveles de iluminación de alumbrado exterior

El elegir de manera precisa los niveles de iluminación o lumínicos de una zona es uno de los puntos principales de cualquier proyecto de alumbrado exterior. Los niveles de iluminación influirán de manera importante sobre el coste de la instalación y sobre su nivel de servicio.

Para que los niveles de iluminación exterior sean adecuados, su elección se basará en los siguientes factores:

a. Tipología de la zona a iluminar: autovía, zona comercial, vía rápida, etc. Indica el tipo de actividades que se desarrollan en dicha zona
b. Volumen del tránsito: mide la cantidad de vehículos que circulan por la vía de terminada. No solo basta con obtener un valor medio de esta cantidad, sino que será importante obtener el valor punta, ya que con dicho valor se dan las mayores exigencias en cuanto a iluminación.

c. Velocidad del tráfico: es un dato importante a la hora de elegir los niveles de iluminación.

d. Tipología de los vehículos: ligeros, pesados, etc.

e. Existencia e importancia de tráfico peatonal.

f. Iluminación de las zonas próximas o adyacentes.

g. Edificios singulares próximos: colegios, hospitales, edificios públicos, etc.

h. Otras circunstancias: arquitectura, infraestructura eléctrica, vegetación, etc.

Una vez que se tiene un profundo conocimiento de las características de la zona a iluminar, a través de los factores anteriormente citados, se deberán tener en cuenta adicionalmente unos factores variables que influirán en los niveles de iluminación:

■ Las condiciones especiales y usos habituales de la zona a iluminar.
■ La evolución en el tiempo de los condicionantes tecnológicos y económicos.

El ITC-EA-02 del Reglamento de Eficiencia Energética marca los valores de Niveles de Iluminación Requeridos para:

■ Alumbrado vial.
■ Alumbrado específico.
■ Alumbrado ornamental.
■ Alumbrado para vigilancia y seguridad nocturna.
■ Alumbrado de señales y anuncios luminosos.
■ Alumbrado festivo y navideño.

A continuación, se presentan una serie de tablas extraídas del ITC-EA 02 del Reglamento de Eficiencia Energética, donde se recogen los valores de niveles de iluminación en alumbrado vial que se deberán tener en cuenta según determinados factores.

Actividades

9. Busque la ITC-EA-02 e investigue sobre los niveles de iluminación que se requieren para los tipos de alumbrado distinto al alumbrado vial.

Niveles de Iluminación en alumbrado vial según el ITC-EA -02

El nivel de iluminación vial depende, tal y como indica el ITC-EA-02, de muchos factores. Entre ellos cabe destacar:

- El tipo de vía.
- La complejidad de su trazado.
- La intensidad de tráfico (Intensidad Media Diaria, IMD).
- El sistema de control del tráfico.
- La separación entre carriles destinados a distintos tipos de usuarios.

Definición

IMD (Intensidad Media Diaria)
Es la media diaria de vehículos que pasan por una sección determinada de un carril o calzada.

Siguiendo esos criterios, se clasifican las vías en varios grupos, las cuales llama la Instrucción **situaciones de proyecto.** A estas situaciones se les asigna unos valores de parámetros fotométricos específicos. Estos valores se adecuan a las necesidades visuales de los usuarios de la vía y a los aspectos medio ambientales de la propia vía.

Clasificación de las vías y selección de las clases de alumbrado

Para clasificar las vías se usan dos criterios:

- Criterio principal: Velocidad de tráfico rodado (los clasifica en 5 grupos A, B, C, D, E), TABLA 1.
- Otros criterios: los clasifica en subgrupos o situación de proyecto tal y como se observa en la **TABLA 2, 3, 4 y 5.**

Tabla 1 ITC-EA-02 – Clasificación de las vías

Clasificación	Tipo de vía	Velocidad del tráfico rodado (km/h)
A	De alta velocidad	$v > 60$
B	De moderada velocidad	$30 < v \leq 60$
C	Carriles bici	--
D	De baja velocidad	$5 < v \leq 30$
E	Vías peatonales	$v \; 5$

En las tablas 2, 3, 4 y 5 se definen las clases de alumbrado para las diferentes situaciones de proyecto correspondientes a la clasificación de vías anteriores.

Tabla 2: ITC-EA-02 – Clases de alumbrado para vías tipo A

Situaciones de proyecto	Tipos de vías	Clase de Alumbrado (*)

A1	- Carreteras de calzadas separadas con cruces a distinto nivel y accesos controlados (autopistas y autovías).
	Intensidad de tráfico
	
	  - Alta (IMD) ≥ 25.000
	  - Media (IMD) ≥ 15.000 y < 25.000
	  - Baja (IMD) < 15.000
	
	- Carreteras de calzada única con doble sentido de circulación y accesos limitados (vías rápidas).
	Intensidad de tráfico
	
	  - Alta (IMD) > 15.000
	  - Media y baja (IMD) < 15.000
		
		- ME1
		- ME2
		- ME3a
		
		- ME1
		- ME2

A2	- Carreteras interurbanas sin separación de aceras o carriles bici.
	- Carreteras locales en zonas rurales sin vía de servicio.
	Intensidad de tráfico
	
	  - IMD ≥ 7.000..........................
	  - IMD < 7.000..........................
		
		- ME1 / ME2
		- ME3a / ME4a

A3	- Vías colectoras y rondas de circunvalación.
	- Carreteras interurbanas con accesos no restringidos.
	- Vías urbanas de tráfico importante, rápidas radiales y de distribución urbana a distritos.
	- Vías principales de la ciudad y travesía de poblaciones.
	Intensidad de tráfico y complejidad del trazado de la carretera.
	  - IMD ≥ 25.000
	  - IMD ≥ 15.000 y < 25.000
	  - IMD ≥ 7.000 y < 15.000
	  - IMD < 7.000
		
		- ME1
		- ME2
		- ME3b
		- ME4a / ME4b

(*) Para todas las situaciones de proyecto (A1, A2 y A3), cuando las zonas próximas sean claras (fondos claros), todas las vías de tráfico verán incrementadas sus exigencias a las de la clase de alumbrado inmediata superior.

Tabla 3: ITC-EA-02 – Clases de alumbrado para vías tipo B

Situaciones de proyecto	Tipos de vías	Clase de Alumbrado(*)
B1	- Vías urbanas secundarias de conexión a urbanas de tráfico importante. - Vías distribuidoras locales y accesos a zonas residenciales y fincas. Intensidad de tráfico - IMD ≥ 7.000 - IMD < 7.000	 ME2 / ME3c ME4b / ME5 / ME6
B2	- Carreteras locales en áreas rurales. Intensidad de tráfico y complejidad del trazado de la carretera. - IMD ≥ 7.000 - IMD ≥ 7.000	 ME2 / ME3b ME4b / ME5

(*) Para todas las situaciones de proyecto B1 y B2, cuando las zonas próximas sean claras (fondos claros), todas las vías de tráfico verán incrementadas sus exigencias a las de la clase de alumbrado inmediata superior.

Tabla 4: ITC-EA-02. Clases de alumbrado para vías tipos C y D

Situaciones de proyecto	Tipos de vías	Clase de Alumbrado (*)
C1	- Carriles bici independientes a lo largo de la calzada, entre ciudades en área abierta y de unión en zonas urbanas Flujo de tráfico de ciclistas - Alto - Normal	 S1 / S2 S3 / S4
D1 - D2	- Áreas de aparcamiento en autopistas y autovías. - Aparcamientos en general. - Estaciones de autobuses. Flujo de tráfico de peatones - Alto - Normal	 CE1A / CE2 CE3 / CE4
D3 - D4	- Calles residenciales suburbanas con aceras para peatones a lo largo de la calzada - Zonas de velocidad muy limitada Flujo de tráfico de peatones y ciclistas - Alto - Normal	 CE2 / S1 / S2 S3 / S4

(*) Para todas las situaciones de alumbrado C1-D1-D2-D3 y D4, cuando las zonas próximas sean claras (fondos claros), todas las vías de tráfico verán incrementadas sus exigencias a las de la clase de alumbrado inmediata superior.

Tabla 5: ITC-EA-02. Clases de alumbrado para vías tipos E

Situaciones de proyecto	Tipos de vías	Clase de Alumbrado (*)
E1	- **Espacios peatonales de conexión, calles peatonales, y aceras a lo largo de la calzada** - **Paradas de autobús con zonas de espera** - **Áreas comerciales peatonales** Flujo de tráfico de peatones	
	- Alto	CE1A/CE2/S1
	- Normal	S2/S3/S4
E2	- **Zonas comerciales con acceso restringido y uso prioritario de peatones** Flujo de tráfico de peatones	
	- Alto	CE1A/CE2/S1
	- Normal	S2/S3/S4

(*) Para todas las situaciones de alumbrado E1, E2, cuando las zonas próximas sean claras (fondos claros), todas las vías de tráfico verán incrementadas sus exigencias a las de la clase de alumbrado inmediata superior.

Importante

Según el ITC-EA-02, cuando para una situación de proyecto y para una intensidad de tráfico puedan seleccionarse distintas clases de alumbrado, se elegirá la clase teniendo en cuenta la complejidad del trazado, el control de tráfico, la separación de los distintos tipos de usuarios y otros parámetros específicos.

Niveles de iluminación de los viales

A continuación se exponen las tablas 6, 7, 8 y 9 del ITC-EA-02 donde se reflejan los requisitos fotométricos aplicables a las vías correspondientes a las diferentes clases de alumbrado.

Tabla 6 ITC-EA-02 – Series ME de clase de alumbrado para viales secos tipos A y B

Clase de Alumbrado	Luminancia de la superficie de la calzada en condiciones secas			Deslumbramiento Perturbador	Iluminación de alrededores
	Luminancia (4)Media Lm (cd/m2)(1)	Uniformidad Global Uo [mínima]	Uniformidad Longitudinal Ui [mínima]	Incremento Umbral TI (%)(2) [máximo]	Relación Entorno SR (3) [mínima]
ME1	2,00	0,40	0,70	10	0,50
ME2	1,50	0,40	0,70	10	0,50
ME3a	1,00	0,40	0,70	15	0,50
ME3b	1,00	0,40	0,60	15	0,50
ME3c	1,00	0,40	0,50	15	0,50
ME4a	0,75	0,40	0,60	15	0,50
ME4b	0,75	0,40	0,50	15	0,50
ME5	0,50	0,35	0,40	15	0,50
ME6	0,30	0,35	0,40	15	Sin requisitos

(1) Los niveles de la tabla son valores mínimos en servicio con mantenimiento de la instalación de alumbrado, a excepción de (TI), que son valores máximos iniciales. A fin de mantener dichos niveles de servicio, debe considerarse un factor de mantenimiento (fm) elevado que dependerá de la lámpara adoptada, del tipo de luminaria, grado de contaminación del aire y modalidad de mantenimiento preventivo.
(2) Cuando se utilicen fuentes de luz de baja luminancia (lámparas fluorescentes y de vapor de sodio a baja presión), puede permitirse un aumento de 5% del incremento umbral (TI).
(3) La relación entorno SR debe aplicarse en aquellas vías de tráfico rodado donde no existan otras áreas contiguas a la calzada que tengan sus propios requisitos. La anchura de las bandas adyacentes para la relación entorno SR será igual como mínimo a la de un carril de tráfico, recomendándose a ser posible 5 m de anchura.
(4) Los valores de luminancia dados pueden convertirse en valores de iluminancia, multiplicando los primeros por el coeficiente R (según C.I.E.) del pavimento utilizado, tomando un valor de 15 cuando este no se conozca.

En la tabla 7 la ITC-EA-02 se indican los niveles de iluminación de las series MEW de clases de alumbrado paras zonas en las que la intensidad y persistencia de la lluvia provoque que, durante una parte significativa de las horas nocturnas a lo largo del año, la superficie de la calzada permanezca mojada (aproximadamente 120 días de lluvia anuales). En ella se incluye un requisito adicional de uniformidad global con calzada húmeda para impedir la degradación de las prestaciones durante los periodos húmedos.

Tabla 7 ITC-EA-02 – Series MEW de clase de alumbrado para viales húmedos tipos A y B

Clase de Alumbrado	Luminancia de la superficie de la calzada en condiciones secas y húmedas				Deslumbramiento Perturbador	Iluminación de alrededores
	Calzada seca			Calzada húmeda		
	Luminancia (5) Media Lm(cd2) (1)	Uniformidad Global Uo [mínima]	Uniformidad Longitudinal Ui(2) [mínima]	Uniformidad Global U0 [mínima]	Incremento Umbral TI (%) (3) [máximo]	Relación Entorno SR (4) [mínima]
MEW1	2,00	0,40	0, 60	0,15	10	0,50
MEW2	1,50	0,40	0, 60	0,15	15	0,50
MEW3	1,00	0,40	0,60	0,15	15	0,50
MEW4	0,75	0,40	Sin requisitos	0,15	15	0,50
MEW5	0,50	0,35	Sin requisitos	0,15	15	0,50

(1) Los niveles de la tabla son valores mínimos en servicio con mantenimiento de la instalación de alumbrado, a excepción de (TI), que son valores máximos iniciales. A fin de mantener dichos niveles de servicio, debe considerarse un factor de mantenimiento (fm) elevado que dependerá de la lámpara adoptada, del tipo de luminaria, grado de contaminación del aire y modalidad de mantenimiento preventivo.
(2) Este criterio es voluntario pero puede utilizarse, por ejemplo, en autopistas, autovías y carreteras de calzada única de doble sentido de circulación y accesos limitados.
(3) Cuando se utilicen fuentes de luz de baja luminancia (lámparas fluorescentes y de vapor de sodio a baja presión), puede permitirse un aumento de 5% del incremento umbral (TI)
(4) La relación entorno SR debe aplicarse en aquellas vías de tráfico rodado donde no existan áreas contiguas a la calzada con sus propios requerimientos. La anchura de las bandas adyacentes para la relación entorno SR será igual como mínimo a la de un carril de tráfico recomendándose a ser posible 5 m de anchura.
(5) Los valores de luminancia dados pueden convertirse en valores de iluminancia, multiplicando los primeros por el coeficiente R (según C.I.E.) del pavimento utilizado, tomando un valor de 15 cuando este no se conozca.

Tabla 8: ITC-EA-02. Series S de clase de alumbrado para viales tipos C, D y E

Clase de Alumbrado (1)	Iluminancia horizontal en el área de la calzada	
	Iluminancia Media Em (lux)(1)	Uniformidad Iluminancia mínima Emin (lux)(1)
S1	15	5
S2	10	3
S3	7,5	1,5
S4	5	1
S1	15	5

(1) Los niveles de la tabla son valores mínimos en servicio con mantenimiento de la instalación de alumbrado. A fin de mantener dichos niveles de servicio, debe considerarse un factor de mantenimiento (fm) elevado que dependerá de la lámpara adoptada, del tipo de luminaria, grado de contaminación del aire y modalidad de mantenimiento preventivo.

Tabla 9: ITC-EA-02. Series CE de clase de alumbrado para viales tipos D y E

Clase de Alumbrado (1)	Iluminancia horizontal	
	Iluminancia Media Em (lux) [mínima mantenida(1)]	Uniformidad Media Um [mínima]
CE0	50	0,40
CE1	30	0,40
CE1A	25	0,40
CE2	20	0,40
CE3	15	0,40

(1) Los niveles de la tabla son valores mínimos en servicio con mantenimiento de la instalación de alumbrado. A fin de mantener dichos niveles de servicio, debe considerarse un factor de mantenimiento (fm) elevado que dependerá de la lámpara adoptada, del tipo de luminaria, grado de contaminación del aire y modalidad de mantenimiento preventivo.
(2) También se aplican es espacios utilizados por peatones y ciclistas.

 ## Actividades

10. Si se quiere iluminar una carretera, ¿qué factores se deberán tener en cuenta para que su iluminación sea adecuada?
11. ¿Cómo piensa que serán los niveles de iluminación en calzada húmeda, más elevados, menos elevados o iguales que en calzada seca?

 ## Aplicación práctica

En la estación de aforo de un punto de una autovía se ha detectado que en 2 horas han pasado 2500 vehículos y el ritmo de paso es constante. Es el mes de junio y las lluvias no son frecuentes. Dado que en los últimos meses ha habido varios accidentes, se piensa que se debe a la insuficiente iluminación de la vía.

a. ¿Puede ser cierto? ¿Por qué?
b. ¿Se deberían cumplir en la vía unos requisitos de iluminación específicos?

Continúa en página siguiente >>

<< Viene de página anterior

SOLUCIÓN

a. Vamos a calcular Intensidad Media Diaria a partir del dato de vehículos y horas que dan. Como en 2 horas pasan 2500 vehículos, en 24 pasarán 30000. Por tanto la IMD es de 30.000 vehículos, que es una IMD ALTA, y por tanto necesitará una iluminación adecuada.

b. De las tablas vistas en el capítulo se observa que es clase de alumbrado ME1.

Tabla 2: ITC-EA-02 – Clases de alumbrado para vías tipo A

Situaciones de proyecto	Tipos de vías	Clase de Alumbrado (*)
A1	- **Carreteras de calzadas separadas con cruces a distinto nivel y accesos controlados (autopistas y autovías).** Intensidad de tráfico - Alta (IMD) ≥ 25.000 - Media (IMD) ≥ 15.000 y < 25.000 - Baja (IMD) < 15.000 - **Carreteras de calzada única con doble sentido de circulación y accesos limitados (vías rápidas).** Intensidad de tráfico - Alta (IMD) > 15.000 - Media y baja (IMD) < 15.000	- ME1 - ME2 - ME3a - ME1 - ME2

Y por tanto, los niveles de iluminación serán:

Tabla 6 ITC-EA-02 – Series ME de clase de alumbrado para viales secos tipos A y B

Clase de Alumbrado	Luminancia de la superficie de la calzada en condiciones secas			Deslumbramiento Perturbador	Iluminación de alrededores
	Luminancia (4)Media Lm (cd/m2)(1)	Uniformidad Global Uo [mínima]	Uniformidad Longitudinal Ui [mínima]	Incremento Umbral TI (%)(2) [máximo]	Relación Entorno SR (3) [mínima]
ME1	2,00	0,40	0,70	10	0,50

6. Régimen de funcionamiento

El régimen de funcionamiento de una instalación de iluminación marca las características el mismo, es decir da una idea de la intensidad o cantidad de iluminación durante un periodo determinado de tiempo, denominado **ciclo de iluminación.**

Dado el uso público del alumbrado exterior, así como, el objetivo de un aprovechamiento eficiente de los recursos, hace que los regímenes de funcionamiento del alumbrado exterior deban ser acordes con las necesidades de iluminación que se dan en cada momento.

Para no dar lugar a libres interpretaciones, el Real Decreto 1890/2008 de 14 de noviembre, en su artículo 8 hace referencia a las características que debe tener el régimen de funcionamiento de una instalación de alumbrado exterior.

6.1. Características del régimen de funcionamiento según el Real Decreto 1890/2008

Según el Real Decreto 1890/2008 en cuanto al Régimen de Funcionamiento de una Instalación de Alumbrado se requiere:

1. Los sistemas de accionamiento garantizaran que las instalaciones de alumbrado exterior se enciendan y apaguen con precisión, cuando la luminosidad ambiente lo requiera.

El alumbrado público exterior se encenderá en aquellos casos que sea necesario. El objetivo fundamental es un aprovechamiento máximo de la luz natural para así reducir el consumo eléctrico al mínimo posible. Para cumplir este objetivo es preciso que los sistemas de accionamiento que pongan en marcha la instalación en caso de no ser suficiente la luminosidad natural, funcionen correctamente, y es preciso realizar un mantenimiento periódico de los mismos, ya que es el elemento fundamental del cual parte cualquier régimen de funcionamiento.

Así:

> 1. *Para obtener ahorro energético en casos tales como instalaciones de alumbrado ornamental, anuncios luminosos, espacios deportivos y áreas de trabajo exteriores, se establecerán los correspondientes ciclos de funcionamiento (encendido y apagado) de dichas instalaciones, para lo que se dispondrá de relojes astronómicos o sistemas equivalentes, capaces de ser programados por ciclos diarios, semanales, mensuales o anuales.*

Los sistemas elegidos deberán ser tales que sean capaces de programarse por ciclos de tiempo desde días a años. En dicha programación habrá que tener en cuenta la diferente cuantía de horas de iluminación natura dependiendo de la época del año en que se encuentre.

> 1. *Las instalaciones de alumbrado exterior con excepción de túneles y pasos inferiores, estarán en funcionamiento como máximo durante el periodo comprendido entre la puesta de sol y su salida o cuando la luminosidad ambiente lo requiera.*

No se podrá usar iluminación artificial, cuando no es necesaria por la existencia de luz natural suficiente.

> 1. *Cuando se especifique, los alumbrados exteriores tendrán dos niveles de iluminación de forma que en aquellos casos del periodo nocturno en los que disminuya la actividad o características de utilización, se pase del régimen de nivel normal de iluminación a otro con nivel de iluminación reducido, manteniendo la uniformidad.*

En muchas ciudades a diferentes hora de la noche la actividad pública varía por lo que las necesidades de iluminación también. Teniendo en cuenta esto se admite disponer de dos niveles de iluminación con el objetivo de ahorro y eficiencia energética.

> 1. *Se podrá variar el régimen de funcionamiento de los alumbrados ornamentales, estableciéndose condiciones especiales, en épocas tales como festividades y temporada alta de afluencia turística.*

2. Se podrá ajustar un régimen especial de alumbrado para los acontecimientos nocturnos singulares, festivos, feriales, deportivos o culturales, que compatibilicen el ahorro energético con las necesidades derivadas de los acontecimientos mencionados.

Dado que la presencia nocturna de público no solo varía durante el día, sino que en épocas del año como Navidad, Semana Santa, verano o en días señalados actividad nocturna se acentúa, el régimen de funcionamiento se deberá poder adaptar a esas necesidades.

1. Corresponde a las Administraciones Locales regular el tiempo de funcionamiento de las instalaciones de alumbrado exterior que se encuentren en su ámbito territorial y que no sean de competencia estatal o autonómica.

Aunque todos los apartados anteriores son comunes a todas las instalaciones de alumbrado exterior, el Real Decreto da competencia a las administraciones locales para regular el tiempo de funcionamiento del alumbrado exterior y características del mismo en aquellas instalaciones que se encuentren en su ámbito territorial y no san de competencia del Estado o de la Autonomía correspondiente.

Actividades

12. ¿Cuál es el régimen de funcionamiento del alumbrado público de tu ciudad? ¿Cree que es eficiente?

7. Partes y elementos constituyentes de alumbrado exterior

El alumbrado exterior necesita de una serie de elementos para funcionar. A continuación se exponen dichas partes identificando la misión de cada una.

7.1. Cuadros eléctricos de mando y control

Los puntos de luz y los puntos de control de la iluminación, se encuentran alimentados por unas líneas eléctricas denominadas líneas de alimentación.

El origen de estas líneas, es decir, el punto de partida, se encuentra en los cuadros eléctricos de mando y control.

Las funciones de estos cuadros es proteger a las líneas de alimentación contra intensidades anormales (sobreintensidades), corrientes de defecto a tierra y contra sobretensiones. Dicha protección se aplica mediante interruptores omnipolares distribuidos en cada línea individual.

Sabía que...

El interruptor omnipolar interrumpe la corriente en todas las fases del conductor y en el neutro si está distribuido.

La intensidad de defecto máxima, a partir de la cual se produce la desconexión de la instalación mediante los interruptores diferenciales del cuadro de control y mando, dependerá de la resistencia de puesta a tierra de la instalación. En el siguiente cuadro se observan dichos valores:

INTENSIDAD MÁXIMA DE DEFECTO EN FUNCIÓN DE LA RESISTENCIA DE PUESTA A TIERRA

RESISTENCIA DE PUESTA A TIERRA (R)	INTENSIDAD DE DEFECTO MÁXIMA (I)
$5\,\Omega < R < 30\,\Omega$	$I < 300$ mA
$1\,\Omega < R \leq 5\,\Omega$	$I < 0.5$ A
$R \leq 1\,\Omega$	$I < 1$ A

Por otra parte, destacar que aunque la instalación de alumbrado exterior disponga de interruptores horarios o fotoeléctricos (accionados con la ausencia de luz natural), también se dispondrá de un interruptor de accionamiento manual, que da la posibilidad de poner en funcionamiento la instalación con independencia de los otros interruptores.

Cuadro de mando y control de alumbrado exterior

7.2. Líneas de distribución y acometida

Las líneas de distribución transportan la electricidad necesaria para el funcionamiento del alumbrado. En el caso que se trate de un alumbrado de calles, calzadas, etc., la línea de distribución alimenta a varias luminarias mediante acometidas. Por tanto la acometida es el cableado que se realiza desde la red de distribución que pertenece a la compañía de electricidad hasta la caja general de protección de la luminaria.

Tanto las líneas de distribución como las acometidas se constituyen principalmente por los cableados, y dependiendo de dónde se encuentren pueden ser líneas aéreas o enterradas.

Cables

En alumbrado exterior los cables que forman las líneas eléctricas pueden ser multipolares o unipolares de cobre, o de aluminio bajo unas determinadas circunstancias que establece el ITC-BT-09. Su tensión asignada estará entre 0,6 y 1 kV.

También se deberá tener en cuenta que en cada circuito el conductor neutro será único y nunca se utilizará en otro circuito.

Los cables deben estar correctamente aislados para que su funcionamiento sea lo más seguro y correcto posible.

En el caso de los conductores de cobre, se limita la sección máxima del conductor a 25 mm^2. La razón de esta limitación, es que se permita una manipulación adecuada del conductor en caso de reparación de la instalación. Si por circunstancias varias, en los cálculos eléctricos de la instalación de alumbrado resultara un tramo con una sección de conductor mayor, se recomienda la división de dicho tramo en otros de tal manera que la sección no supere el valor de referencia.

Actividades

13. Tras realizar los cálculos eléctricos de una instalación de alumbrado público ha resultado una sección de cable de 38 mm^2 en cobre, que es adecuado para la corriente circulante. ¿Se podría aplicar la solución encontrada a la realidad?

Tipos de líneas

Dependiendo del lugar donde se encuentren las líneas eléctricas estas pueden ser líneas aéreas y líneas subterráneas. Las características de dichas líneas serán diferentes tal y como se refleja a continuación.

Líneas subterráneas

Las líneas eléctricas subterráneas de alumbrado exterior tendrán características análogas a las redes de distribución de baja tensión reguladas por la ITC-BT-07. Los cables empleados en ellas, tendrán que tener las especificaciones de la Norma UNE 21123, y deberán ir entubados.

Los tubos cumplirán las prescripciones indicadas en la ITC-BT-21, pudiendo ir hormigonados en zanjas o no.

La profundidad mínima de enterramiento de los mismos será de 0,4 m, medidos desde el nivel del suelo hasta la base del tubo. El diámetro intOerior mínimo del tubo será de 60 mm. Para indicar la presencia de cableado de alumbrado se dispondrá de una cinta de señalización que se situará a una distancia mínima del nivel del suelo de 0,10 m.

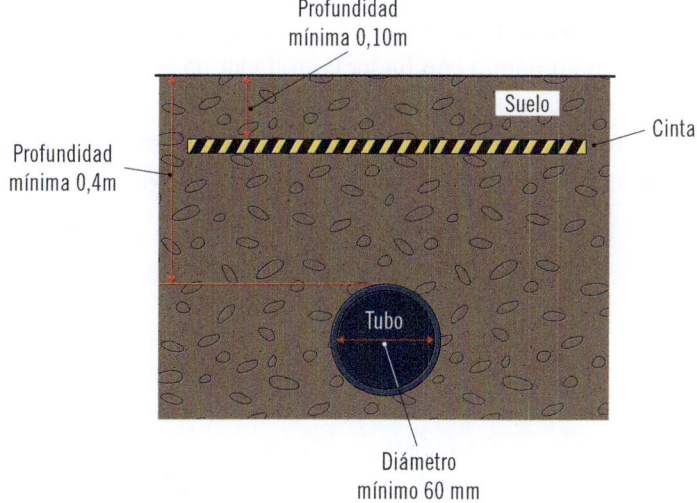

Destacar, además, que en las líneas subterráneas los cables tendrán una sección mínima de 6 mm^2 incluido el neutro.

 **Actividades**

14. Investigue en la norma correspondiente los condicionantes que deben tener los materiales de los tubos indicados para cableados de alumbrado.

Líneas aéreas

En el caso de líneas aéreas se usarán aquellos materiales que se usan en las líneas aéreas de baja tensión y que se describen en la ITC-BT-06.

Los cables por los que se constituyen las líneas aéreas, podrán asentarse sobre fachadas o serán tensados sobre apoyos.

Si están tensados sobre apoyos, los cables deberán ser autoportantes y dispondrán un neutro con fiador o un fiador de acero.

En cuanto a la sección mínima de los conductores, en líneas aéreas, será de 4 mm^2, para todos los conductores incluido el neutro.

Línea aérea de alumbrado exterior

Nota

Si están tensados sobre apoyos, los cables pertenecientes al alumbrado deben ser auto-portantes y dispondrán un neutro con fiador o un fiador de acero.

7.3. Disposición de puntos de luz

La distribución a lo largo de la vía del vial puede ser muy variada y depende del tipo y ancho de vía, de las características del alumbrado y de la decisión estética que se quiera adoptar.

A continuación se muestran las principales tipologías de distribución:

Unilateral

La iluminación se sitúa siempre en el mismo lado de la vía. Este tipo de distribución es aplicable cuando el ancho de la vía (con la letra A en la imagen) es igual a la altura de la luminaria (H).

Distribución unilateral

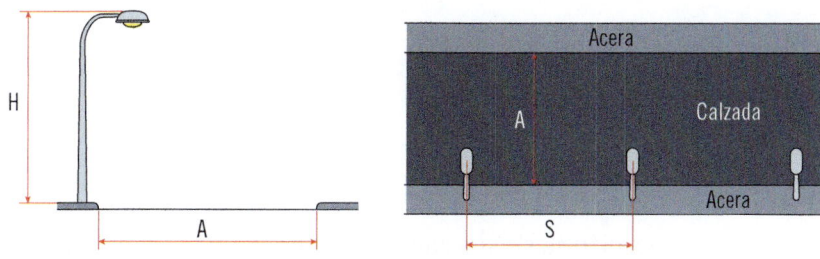

S: separación entre instalaciones, H: altura de la luminaria; A: ancho de la vía

Bilateral tresbolillo

La iluminación se sitúa a ambos lados de la vía a tresbolillo. Este tipo de distribución se utiliza cuando el ancho de la vía (con la letra A en la imagen) es hasta 1,5 veces la altura de la luminaria (H).

Distribución a tresbolillo

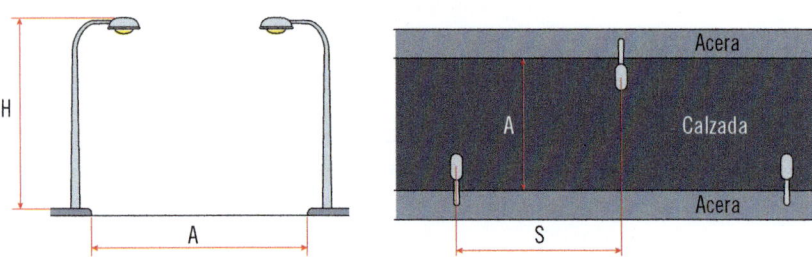

S: separación entre instalaciones, H: altura de la luminaria; A: ancho de la vía

 Definición

Tresbolillo
Dicho de una colocación en filas paralelas, de modo que las de cada fila correspondan al medio de los huecos de la fila inmediata, de suerte que formen triángulos equiláteros.

Bilateral pareada

La iluminación se sitúa a ambos lados de la vía situándose unas frente a otras. Este tipo de distribución se utiliza cuando el ancho de la vía (con la letra A en la imagen) es mayor en 1,5 veces la altura de la luminaria (H).

Distribución bilateral pareada

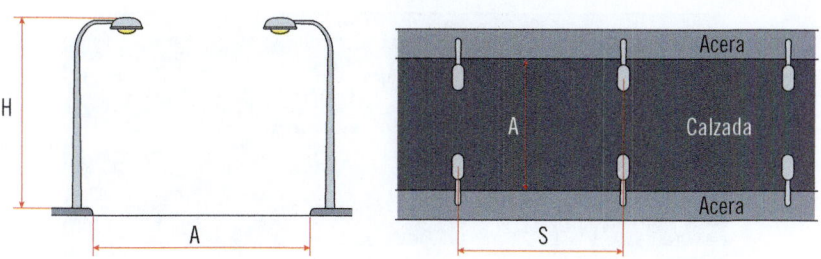

S: separación entre instalaciones, H: altura de la luminaria; A: ancho de la vía

Central

La iluminación se sitúa en el centro de la vía. Es de aplicación cuando la vía disponga de dos sentidos de circulación que estén separados por una mediana. Esta mediana debe tener una anchura comprendida entre 1 y 3 m (con la letra b en la imagen).

Distribución central

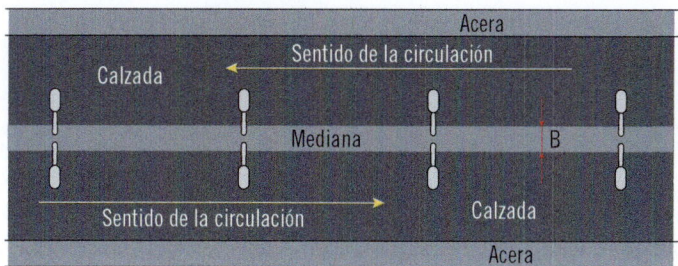

B: ancho de la mediana

Cuando el ancho de la mediana sea superior a 3 m, la iluminación podrá situarse a ambos lados de la vía o a ambos lados de la mediana.

Distribución central con mediana superior a los 3 m

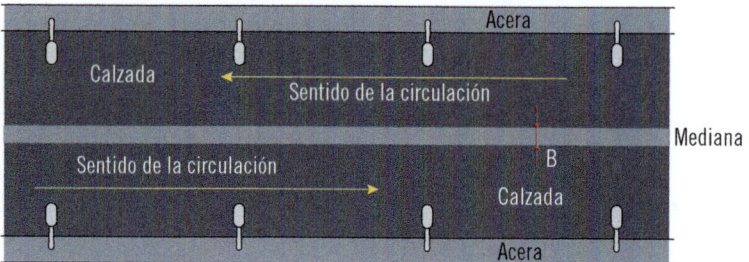

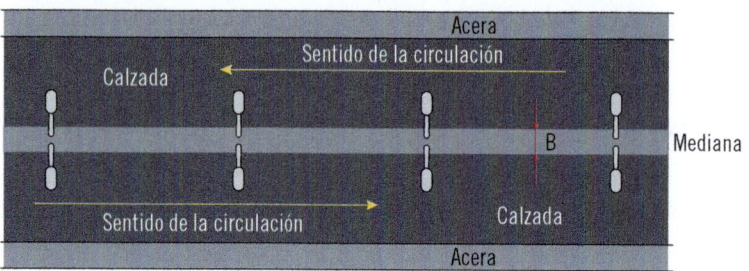

B: ancho de la mediana

La primera imagen sigue una distribución a ambos lados de la vía, mientras que la segunda imagen es a ambos lados de la mediana.

 ## Actividades

15. ¿Qué tipo de distribución siguen las instalaciones de alumbrado exterior de la zona donde vive? Pruebe a darse un paseo por vías de anchura diferentes y podrá observar las tipologías de alumbrado vial descritas aquí y cómo el tipo de alumbrado varía en función del ancho de la vía.

16. Seleccione una calle y mida de forma aproximada la altura de la luminaria, la anchura de la vía y la separación entre instalaciones, y compruebe si el tipo de alumbrado es el más idóneo.

Aplicación práctica

En la empresa en la que trabaja tiene que diseñar el tipo de alumbrado exterior que se va a disponer en una zona de reciente urbanización. Por ello, tiene que elegir la distribución de la instalación de alumbrado vial teniendo en cuenta que la altura de las luminarias es 8 m y que existen 3 tipos de vía:

▮ Vía A: con 5 m de ancho.
▮ Vía B: con 10 m de ancho.
▮ Vía C: con 20 m de ancho.

¿Qué tipo de distribución elegiría para las vías A, B y C?

SOLUCIÓN

Para determinar el tipo de distribución es necesario calcular la relación que existe entre el ancho de la vía y la altura de la luminaria para cada tipo de vía:

▮ Vía A: 5 m / 8 m = 0,63.
▮ Vía B: 10 m / 8 m = 1,25.
▮ Vía C: 20 m / 8 m = 2,5.

Según estas relaciones entre ancho de la vía y altura de la luminaria, se determina el tipo de distribución en función de lo descrito en el apartado anterior:

▮ Vía A: unilateral.
▮ Vía B: bilateral a tresbolillo.
▮ Vía C: bilateral pareada.

7.4. Tipos de luminarias y lámparas

El conjunto luminaria–lámpara forma el punto de luz en sí. En el caso de alumbrado exterior, ambos factores de este conjunto tienen unas característi-cas determinadas.

Luminarias de alumbrado exterior

Las luminarias son los elementos que sirven de alojamiento, soporte y protección de las lámparas y sus elementos auxiliares. Además, la luminaria también es la encargada de concentrar y dirigir el flujo luminoso producido por la lámpara. En el caso de que la lámpara lo requiera, en las luminarias también se encuentran los elementos necesarios para realizar su conexión a la red eléctrica de alimentación.

Las luminarias tienen una importancia vital en el conjunto de alumbrado público, ya que direccionan la luz de la lámpara a la zona que se quiere iluminar. En el mercado existen gran cantidad de luminarias, pero en la elección de las mismas se debe tener en cuenta la función que se pretende realizar con ellas y verificar si existe espacio para alojar la lámpara y sus elementos auxiliares.

Las partes básicas de las luminarias de alumbrado exterior son:

- **Cuerpo o carcasa:** es el elemento de soporte de los elementos alojados. El material con el que está construida debe ser resistente mecánica y térmicamente, durable, ligero de peso y estéticamente aceptable. Los materiales habituales para su construcción son los plásticos técnicos y las chapas de aluminio, aunque se consideran ideales aquellas carcasas construidas a partir de aleaciones ligeras, como la inyección de aluminio.
- **Bloque óptico:** se constituye por tres elementos:

  - **Reflector:** son superficies alojadas en el interior de la luminaria cuya misión es dar forma y direccionar el flujo de la lámpara. Suelen ser de aluminio de gran pureza, pulido, abrillantado y con tratamiento mediante una oxidación anódica.
  - **Difusor:** es la parte de cierre de la luminaria en la dirección del flujo luminoso.
  - **Filtro:** es elemento que combinado con el difusor, potencia o disminuye algunas características de la radiación lumínica.

- **Alojamientos auxiliares:** son las partes de la luminaria destinadas a soportar el equipo eléctrico. Deben ser resistentes mecánicamente ya que deben resistir el peso del mismo, y también, deben ser buenos disipadores del calor generado por el funcionamiento del equipo eléctrico. Para favorecer el mantenimiento de los equipos que contienen, los alojamientos auxiliares deben presentar buenas condiciones de accesibilidad y seguridad.

Partes de la luminaria

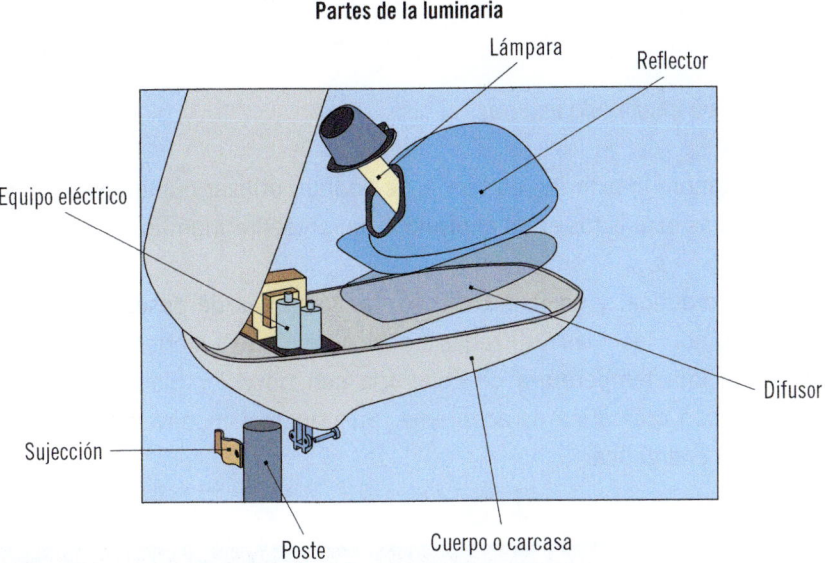

Además de estos elementos, las luminarias deben disponer de dispositivos de reglaje, que permitan variar la posición de la lámpara con respecto al reflector, para que el flujo luminoso producido se adapte a las prestaciones de iluminación que deseamos conseguir.

No se pude olvidar el modo de sujeción de la luminaria en alumbrado exterior. Así puede haber luminarias montadas sobre postes, columnas, fachadas o suspendidas sobre cables transversales a la calzada. Una de las características comunes a todos estos tipos de soportes es que deben ser resistentes al peso de la luminaria y a los agentes meteorológicos como la lluvia y el viento.

Actividades

17. Investigue sobre los materiales empleados en la fabricación de luminarias y averigüe cuáles son los más usados y cuáles tendrían las mejores características ópticas.

Lámparas de alumbrado exterior

En alumbrado exterior, en teoría, se podrían utilizar cualquiera de los tipos de lámparas expuestos en el capítulo 1 del presente manual.

En la práctica, y en la actualidad, las **lámparas de descarga de vapor de mercurio,** son las más utilizadas en el alumbrado exterior. Estas lámparas producen una temperatura de color fría con un color blanco azulado, y su reproducción cromática es aceptable. Su principal inconveniente es su baja eficiencia energética.

Avenida iluminada con lámparas de vapor de mercurio

El otro tipo de lámpara más usado en el alumbrado exterior, es la **lámpara de descarga de vapor de sodio de alta presión.** Dicha lámpara se caracteriza por tener una temperatura de color más cálida y una reproducción cromática más baja. Su gran baza es la eficiencia energética que ha hecho que vaya aumentando poco a poco su presencia en el alumbrado de nuestras calles y carreteras.

Avenida iluminada con lámparas de vapor de sodio de alta presión

También se usan, pero en menor medida, las lámparas de halogenuros metálicos en sus distintos formatos. Estas lámparas aúnan una buena reproducción cromática y una mayor eficiencia energética, pero sin llegar a los valores de las lámparas de vapor de sodio de alta presión.

La tecnología LED está revolucionando la iluminación exterior. Los sistemas tradicionales de alumbrado se están sustituyendo progresivamente, ya que la tecnología LED resulta mucho más eficiente y menos contaminante, debido a su menor consumo.

En los siguientes gráficos se da una idea del uso de los diferentes tipos de lámparas en función del número de lámparas instaladas y la potencia total de alumbrado instalada.

Nota

Las Administraciones (nacional, autonómica y local) han invertido muchos recursos para realizar la progresiva sustitución de las luminarias de alumbrado tradicional por luminarias con tecnología LED. Esta acción pretende la reducción de consumo eléctrico y por consiguiente la reducción de contaminación.

7.5. Equipos de encendido

Las lámparas usadas en el alumbrado exterior suelen ser lámparas de descarga, tal y como se vio en el apartado anterior.

Este tipo de lámparas tienen una característica tensión-intensidad ligeramente negativa y no lineal, lo que hace necesario un elemento limitador de la intensidad denominado balasto, que evita la subida ilimitada de la intensidad y la destrucción de la lámpara cuando se produce en encendido. También asociado al balasto se deberá disponer de un condensador para corregir el factor de potencia.

Adicionalmente al balasto en algunos tipos de lámparas de descarga se necesita una tensión muy superior a la que suministra la red para iniciar o cebar la intensidad del arco. Por tanto, en estas lámparas se dispondrá de un elemento que suministre y soporte la tensión en el encendido de la lámpara. A este elemento se le denomina arrancador.

Balastos

Los balastos impiden que la corriente crezca indefinidamente, limitando y estabilizando la intensidad de la lámpara en el momento de su encendido. Existen distintas tipologías pero de entre ellos los más usados son:

- **Balastos electromagnéticos en serie de tipo inductivo:** su uso es el más frecuente. Su regulación de corriente y de potencia es baja, por lo que no se recomienda su uso en instalaciones donde la fluctuación de tensión sea mayor al 5 %.
- **Balasto electromagnéticos en serie de tipo inductivo para dos niveles de potencia:** si está previsto que las variaciones de tensión de la red sean constantes o permanentes, es ideal el uso de este balasto.
- **Balasto electromagnético autorregulador:** se recomienda ante variaciones de tensión no constantes o permanentes, sino variables con el tiempo. Es recomendable si hay variaciones de tensión del 10 % con respecto a la tensión de la red.

Condensadores

Son elementos asociados al balasto. Puede ir conectado a la red o conectado en serie con el balasto. Su función principal es corregir el factor de potencia.

En el caso de usar balastos electrónicos no se hace necesario para corregir el factor de potencia el uso de condensadores, ya que incluye en él un circuito electrónico que realiza la función del condensador.

Arrancadores

Su función es generar y sumar a la tensión de la red el impulso de alta tensión necesario para producir el encendido la lámpara, es decir, para iniciar el cebado de la misma. Pueden ser eléctricos, electrónicos o electromecánicos, y asimismo, es posible que puedan combinarse en su funcionamiento con los balastos.

Los arrancadores más usuales en las lámparas de descarga son:

- **Arrancadores en serie con la lámpara:** realizan la misión de producir los impulsos de alta tensión de manera independiente.
- **Arrancadores en semiparalelo:** requieren la presencia del balasto par para producir los impulsos de alta tensión.
- **Arrancadores en paralelo:** también llamado arrancador independiente de dos hilos. Destacar que se conecta en paralelo con la lámpara.

Actividades

18. ¿Qué diferencias existen entre los balastos y los arrancadores?

Aplicación práctica

Se está proyectando una instalación de alumbrado público. La instalación del cableado será subterránea en tubos de 40 mm de diámetro interior. Las lámparas a utilizar presentan un inconveniente de tener asociadas variaciones de tensión por encima a la de la red constantes y permanentes, pero son muy baratas con respecto a otras y el proyecto está muy ajustado desde el punto de vista económico. ¿En principio, se está proyectando correctamente la instalación? ¿Qué recomendación haría en cuanto al uso de esas lámparas?

SOLUCIÓN

No se está proyectando correctamente, porque el tubo debería tener más de 60 mm, por tanto, es insuficiente.

En cuanto a la lámpara, se deberá prever instalar balastos en serie de tipo inductivo para dos niveles de potencia. Estos balastos harían que la instalación tuviera un correcto funcionamiento a pesar de las variaciones de tensión constante y permanente que se darán.

7.6. Elementos de protección

El conjunto de instalaciones de alumbrado exterior deberán tener una serie de protecciones, tanto contra contactos eléctricos directos como indirectos.

Las partes de los soportes de luminarias que estén al alcance del ciudadano se deberán poner a tierra. Aquellas partes que no sean accesibles para las personas no deberán tenerlo, aunque sí deberán disponer de un doble aislamiento. También se deberán poner a tierra aquellas partes metálicas del mobiliario urbano que se encuentran en la calle (quioscos, cabinas de teléfono, etc.) y que están a una distancia inferior de 2 metros de las partes metálicas de la instalación de alumbrado exterior. En caso de que el mobiliario urbano disponga de equipamiento eléctrico (alumbrado como mínimo), en ellas se dispondrá de un interruptor diferencial de 30 mA.

Soporte y elementos conductores sin equipamiento eléctrico

(Soportes de señalización, barandillas y vallas, bancos públicos, pivotes antiaparcamiento, etc.)

d ≤ 2m

Puesta a tierra de hecho

Soporte y elementos conductores con equipamiento eléctrico

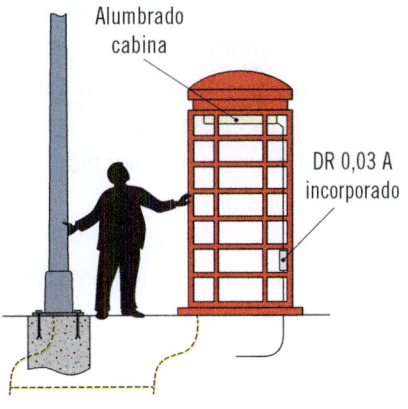

Alumbrado cabina

DR 0,03 A incorporado

7.7. Control de instalaciones de alumbrado

Uno de los aspectos más importantes del alumbrado exterior es su control. El mismo se realiza a partir de una serie de elementos que permiten ajustar el funcionamiento de la instalación de iluminación en función de las necesidades que se tengan en cada momento, así por ejemplo se podrá prever un encendido de las lámparas con la puesta de sol, y a medida que la noche avanza el alumbrado de las lámparas se hace más intenso.

Entre los elementos o dispositivos de control de las instalaciones más usados se encuentran las fotocélulas y los relojes analógicos o astronómicos. Dichos relojes se podrán combinar con el innovador sistema de gestión del alumbrado que se expone a continuación.

Fotocélulas

Las fotocélulas o interruptores crepusculares, son unos dispositivos electrónicos cuya función es realizar la conexión eléctrica en función de la iluminación natural.

Se componen de una célula fotoeléctrica que es capaz de medir la cantidad de luz natural que existe y compararla con un valor de referencia que se le introdujo de forma previa. Dependiendo del resultado de la comprobación, es decir, si la luz es mayor o menor que el valor de referencia, la célula activa o desactiva un relé conectado a los elementos encargados del encendido o apagado del alumbrado.

Para un correcto funcionamiento de las fotocélulas se requieren que las mismas sean insensibles a fenómenos medioambientales transitorios, como pueden ser el paso rápido de nubes que reducen durante un corto periodo de tiempo la iluminación natural. Para lograr este objetivo, las fotocélulas deben tener unos circuitos que incorporen un retardo antes de las maniobras, para asegurar que dicha el encendido se realiza por un periodo no transitorio de insuficiente iluminación o el apagado se hace por un periodo no transitorio de suficiente iluminación.

Las fotocélulas se suelen colocar en zonas casi inaccesibles. Por esta razón se hacen difíciles las operaciones de mantenimiento de las mismas. Así, el principal inconveniente que presentan las fotocélulas es la dificultad de acceso que se presenta a la hora de realizar una reparación o un mantenimiento programado. Destacar que la contaminación ambiental, provoca un oscurecimiento de la fotocélula, lo que puede llegar a hacerla insensible y que realice maniobras no programadas en principio, como apagados o encendidos injustificados.

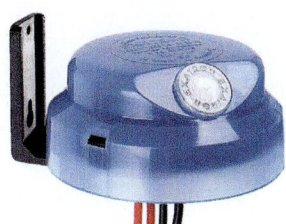

Fotocélula empleada en las instalaciones de alumbrado

 **Consejo**

La fotocélula pone en funcionamiento la iluminación en función de la luz natural que capta. Por tanto, a la hora de instalarla, hay que tener en cuenta que ningún elemento urbano impida su captación de la luz.

Interruptores horarios astronómicos

Son interruptores que cuentan con un temporizador dotado de un *software* diseñado para seguir los horarios de salida y puesta de sol del lugar en la que se encuentra instalado. Con ello, no es necesario una programación periódica de los tiempos de encendido y apagado de la iluminación como ocurría en los interruptores-temporizadores comunes.

Los interruptores horarios astronómicos se forman por dos circuitos que trabajan de manera independiente:

- Circuito de encendido y apagado total del alumbrado.
- Circuito de reducción y recuperación del flujo luminoso en horas que hay menos necesidad de iluminación.

 Nota

Los interruptores-temporizadores comunes serían otro tipo de interruptores horarios, que harían que el encendido y apagado se produjera siempre a una hora determinada, que habría sido introducida previamente de manera manual.

Además de contar con este segundo circuito, que permite ahorrar energía y hacer un uso eficiente de la luz natural, los relojes horarios astronómicos también permiten adelantar o retrasar el encendido o apagado, o el ajuste automático de hora invierno-verano en función de las necesidades en que se encuentren instalados. Por tanto, permiten que la iluminación se adapte en gran medida a las actividades de la población.

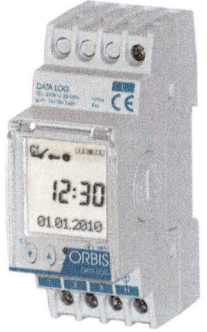

Interruptor horario astronómico

7.8. Telegestión

La telegestión es un novedoso sistema de que amplía las funciones de gestión y control del alumbrado.

En una instalación dotada con sistema de telegestión se puede:

- Controlar la eficiencia energética de la instalación y cuantificar el ahorro producido por las medidas de reducción de consumo en caso de haberlas llevado a cabo.
- Controlar la instalación de alumbrado a distancia, así por ejemplo se puede detectar el fundido de una lámpara o un problema grave en la instalación, sin necesidad de estar al lado de la instalación.

A continuación se describen los elementos del sistema de telegestión de alumbrado público.

Elementos de un sistema de telegestión de alumbrado público

Los cuatro elementos fundamentales por los que está formado un sistema de telegestión son:

- **Equipos de control del cuadro de alumbrado.** Los equipos de control del cuadro realizan las funciones de control de la instalación. El mismo se realiza mediante el control de encendido y apagado, el control de existencia de averías y la medición y registro de parámetros eléctricos.
- **Equipos de control del punto de luz.** Dichos elementos se encuentran alojados en la luminaria, en el soporte de la luminaria o en otro alojamiento adecuado al equipo. Su función consiste en comprobar el funcionamiento de todos los elementos que están instalados en ella, transmitiendo la información recogida al equipo de control del cuadro. Esto permite descubrir cuando una lámpara ha dejado de funcionar, por ejemplo.
- **Sistemas de comunicación.** Los sistemas de comunicación que transmiten toda la información en tiempo real de los anteriores controles se suele realizar mediante internet o redes móviles.

■ **Centro de control.** Es el ordenador receptor de toda la información de las unidades de control. En él se encuentra un *software* que permite gestionar de manera eficiente la instalación.

Sabía que...

Diversos estudios y pruebas en diversos municipios han contrastado que con un sistema de telegestión se puede llegar a un ahorro energético del 45 %.

8. Proyecto o memoria técnica de un proyecto de alumbrado exterior

El Reglamento de Eficiencia Energética de Alumbrado Exterior y más concretamente el ITC-EA-05 define el contenido del Proyecto y su Memoria y de la Memoria Técnica de Diseño de la Instalación.

8.1. Proyecto

Según la ITC-EA-05:

"La redacción del proyecto deberá ser tal que permita la ejecución de las obras e instalaciones previstas por otro técnico distinto al autor del mismo".

El proyecto debe permitir que la construcción y puesta en marcha de la instalación la haga alguien distinto a la persona que proyectó, por lo tanto este documento deberá ser claro y no debe inducir a errores.

A continuación la ITC-EA-05 define el contenido de la Memoria de proyecto. Dicho documento incluirá la descripción de todas las partes de la obra de alumbrado proyectada. Dichos documentos prestan una atención especial en cumplir el Reglamento de Eficiencia Energética, en la mejora de la eficiencia y en el correspondiente ahorro energético. Dicha información debe ser clara para que la persona que ejecute la obra cumpla estrictamente con ella.

En la memoria del proyecto se concretarán las características de todos y cada uno de los componentes y de las obras proyectadas, con especial referencia al cumplimiento del reglamento de eficiencia energética en instalaciones de alumbrado exterior y a la mejora de la eficiencia y ahorro energético. Entre otros datos, se deberán incluir:

a. Los referentes al titular de la instalación.

b. Emplazamiento de la instalación.

c. Uso al que se destina.

d. Relación de luminarias, lámparas y equipos auxiliares que se prevea instalar y su potencia.

e. Factor de utilización (fu) y de mantenimiento (fm) de la instalación de alumbrado exterior, eficiencia de las lámparas y equipos auxiliares a utilizar (εL), rendimiento de la luminaria (η), flujo hemisférico superior instalado (FHSinst), disposición espacial adoptada para las luminarias y, cuando proceda, la relación luminancia/iluminancia (L/E) de la instalación.

f. Régimen de funcionamiento previsto y descripción de los sistemas de accionamiento y de regulación del nivel luminoso.

g. Medidas adoptadas para la mejora de la eficiencia y ahorro energético, así como para la limitación del resplandor luminoso nocturno y reducción de la luz intrusa o molesta. Asimismo, de acuerdo con lo dispuesto en la ITC-EA-01, en las instalaciones de alumbrado exterior, con excepción de las de alumbrado de señales y anuncios luminosos y las de alumbrado festivo y navideño, deberá incorporarse:

h. Cálculo de la eficiencia energética de la instalación ε, para cada una de las soluciones adoptadas.

i. Calificación energética de la instalación en función del índice de eficiencia energética (Iε).

j. La memoria del proyecto se complementará con los anexos relativos a los cálculos luminotécnicos -iluminancias, luminancias con sus uniformidades y deslumbramientos, relación de entorno-, el plan de mantenimiento a llevar a cabo y los correspondientes a la determinación de los costes de explotación y mantenimiento.

8.2. Memoria Técnica de Diseño (MTD)

Este documento recoge las características de la totalidad de los componentes y de las obras que se proyectan.

Su contenido según el ITC-EA-05 contendrá la documentación referente a:

a. Los referentes al titular de la instalación.

b. Emplazamiento de la instalación.

c. Uso al que se destina.

d. Relación de luminarias, lámparas y equipos auxiliares que se prevea instalar y su potencia.

e. Factor de utilización (fu) y de mantenimiento (fm) de la instalación de alumbrado exterior, eficiencia de las lámparas y equipos auxiliares a utilizar (εL), rendimiento de la luminaria (η), flujo hemisférico superior instalado (FHSinst) y disposición espacial adoptada para las luminarias.

f. Régimen de funcionamiento previsto y descripción de los sistemas de accionamiento de la instalación.

g. Medidas adoptadas para la mejora de la eficiencia y ahorro energético, así como para la limitación del resplandor luminoso nocturno y reducción de la luz intrusa o molesta. Asimismo, de acuerdo con lo dispuesto en la ITC-EA-01, en las instalaciones de alumbrado exterior, con excepción de las de alumbrado de señales y anuncios luminosos y las de alumbrado festivo y navideño, deberá incorporarse:

h. Cálculo de la eficiencia energética de la instalación e, para cada una de las soluciones adoptadas.

i. Calificación energética de la instalación en función del índice de eficiencia energética (le). La memoria técnica de diseño se complementará con los anexos relativos a los cálculos luminotécnicos de iluminancia con sus uniformidades.

Para las instalaciones de alumbrado festivo y navideño, solo será necesario incluir la información correspondiente a los apartados a), b), c) y d) anteriores, así como:

j. Porcentaje de la potencia instalada correspondiente a lámparas incandescentes convencionales.

k. Anchura de la calle.

l. Potencia de las lámparas incandescentes convencionales utilizadas.

m. Potencia máxima instalada, por unidad de superficie de la calle.

La memoria técnica de diseño es algo que se deberá tener en cuenta a la hora de proyectar y ejecutar la instalación de alumbrado. Dicho documento también se deberá tener en cuenta durante el mantenimiento de la instalación, ya que en caso de sustituir elementos de la instalación como lámparas, luminarias u otros elementos, en este documento las características específicas de los mismos.

Aplicación práctica

La consultora de proyectos de iluminación está estudiando el proyecto de una obra consistente en la instalación de 200 luminarias en un parque situado en Santander. La petición de oferta la ha realizado el Ayuntamiento de la ciudad. Las horas de alumbrado serán 4 horas en invierno y 2 horas en verano.

¿Qué datos de proyecto se tendrían con esta petición de oferta?

¿Cuáles faltarían? ¿Qué criterio usaría para estimarlos? Estímelos si es posible.

SOLUCIÓN

APARTADO A) Y B).

a. Los referentes al titular de la instalación: **Ayuntamiento de Santander.**
b. Emplazamiento de la instalación: **parque en Santander.**
c. Uso al que se destina: **iluminación de un parque.**
d. Relación de luminarias, lámparas y equipos auxiliares que se prevea instalar y su potencia: **200 luminarias. Faltaría el tipo de lámpara. Se podría estimar el uso de LED.**
e. Factor de utilización (fu) y de mantenimiento (fm) de la instalación de alumbrado exterior, eficiencia de las lámparas y equipos auxiliares a utilizar (εL), rendimiento de la luminaria (η), flujo hemisférico superior instalado (FHSinst), disposición espacial adoptada para las luminarias y, cuando proceda, la relación luminancia/iluminancia (L/E) de la instalación. **Faltaría por determinar. El mismo se determinaría en fase más avanzada de proyecto, ya que tendríamos que tener totalmente definidas lámparas y luminarias a usar.**
f. Régimen de funcionamiento previsto y descripción de los sistemas de accionamiento y de regulación del nivel luminoso. **Se prevén 2 horas en verano y 4 en invierno. Habría que usar sistemas de programación de estos horarios de alumbrado.**

Continúa en página siguiente >>

<< Viene de página anterior

g. Medidas adoptadas para la mejora de la eficiencia y ahorro energético, así como para la limitación del resplandor luminoso nocturno y reducción de la luz intrusa o molesta. **Faltaría por determinar. El mismo se determinaría en fase más avanzada de proyecto, ya que tendríamos que tener totalmente definidas lámparas y luminarias a usar.** Asimismo, de acuerdo con lo dispuesto en la ITC-EA-01, en las instalaciones de alumbrado exterior, con excepción de las de alumbrado de señales y anuncios luminosos y las de alumbrado festivo y navideño, deberá incorporarse:

h. Cálculo de la eficiencia energética de la instalación e, para cada una de las soluciones adoptadas. **Faltaría por determinar. El mismo se determinaría en fase más avanzada de proyecto, ya que tendríamos que tener totalmente definidas lámparas y luminarias a usar.**

i. Calificación energética de la instalación en función del índice de eficiencia energética (ε). **Faltaría por determinar. El mismo se determinaría en fase más avanzada de proyecto, ya que tendríamos que tener totalmente definidas lámparas y luminarias a usar.**

El criterio para estimar las características del proyecto de iluminación o su posterior definición debe ser siempre la eficiencia energética.

9. Resumen

El alumbrado exterior tiene un carácter público. Se usa en todas las calles y carreteras, por lo que es fundamental tener un conocimiento pleno de los parámetros y unidades de la iluminación, para que la misma siempre cumpla su función.

Aunque el alumbrado exterior tiene una serie de aspectos comunes, también es posible distinguir unas tipologías de alumbrado exterior, que dependerán de las funciones que tiene prevista el alumbrado.

Dado que el alumbrado público es necesario en cualquier ciudad, se debe tener en cuenta la eficiencia energética del mismo e incluso se abre la posibilidad muy aplicada de unos regímenes de iluminación en función de la necesidad lumínica, que ayudan a producir un ahorro energético importante.

Todos estos aspectos se deben unir a un conocimiento completo de las partes y elementos que constituyen la instalación de alumbrado exterior.

El objetivo es conseguir definir las características de las distintas partes en función de las necesidades, en un proyecto de diseño de alumbrado exterior.

Ejercicios de repaso y autoevaluación

1. **Complete la siguiente oración.**

El deslumbramiento puede ser de dos tipos: el deslumbramiento _____ y el deslumbramiento _____. El deslumbramiento _____ se produce cuando una o varias fuentes reducen la visión de un objeto.

2. **De las siguientes afirmaciones, indique cuál es verdadera o falsa.**

   a. La eficacia luminosa se mide en lm/W.

   ☐ Verdadero
   ☐ Falso

   b. El incremento de umbral de contraste se mide en candelas.

   ☐ Verdadero
   ☐ Falso

   c. El flujo luminoso se mide en W.

   ☐ Verdadero
   ☐ Falso

   d. La iluminancia horizontal se mide en lumen/m².

   ☐ Verdadero
   ☐ Falso

3. **Si el ángulo entre la dirección de incidencia del flujo luminoso y la vertical es de 0°, ¿qué valor tiene la iluminancia vertical?**

   a. Cero.
   b. Infinito.
   c. Es necesaria más información.
   d. El mismo que el de la intensidad luminosa.

4. ¿Qué situación de proyecto corresponde a una velocidad de tráfico v > 60 km/h, siendo la vía de alta velocidad?

    a. C.
    b. D.
    c. B.
    d. A.

5. ¿Qué tipo de alumbrado corresponde a las situaciones de proyecto C, D y E?

    _____
    _____
    _____
    _____

6. Indique la respuesta correcta.

    a. El alumbrado navideño es un tipo de alumbrado ornamental.
    b. El alumbrado vial funcional se utiliza para vías en las que la velocidad de circulación es alta.
    c. El alumbrado vial ambiental se utiliza para alumbrado ornamental.
    d. El alumbrado vial ambiental se utiliza para alumbrar únicamente zonas ambientales como los parques.

7. ¿Cuál es la distribución de alumbrado vial que se utiliza para las calzadas más estrechas en las que el ancho de la vía es igual a la altura de la luminaria?

    a. Unilateral.
    b. Bilateral pareada.
    c. Bilateral a tresbolillo
    d. Central.

8. De las siguientes afirmaciones, indique cuál es verdadera o falsa.

   a. La reproducción cromática es un factor que influye en el diseño del alumbrado exterior.

   ☐ Verdadero
   ☐ Falso

   b. Las exigencias de alumbrado de carreteras no dependen de la IMD.

   ☐ Verdadero
   ☐ Falso

   c. El interruptor omnipolar interrumpe la corriente en todas las fases y en el neutro si este se encuentra distribuido.

   ☐ Verdadero
   ☐ Falso

   d. En el caso de los conductores de cobre, se limita la sección máxima del conductor a 50 mm^2.

   ☐ Verdadero
   ☐ Falso

9. Cite dos aspectos que se deberán tener en cuenta a la hora de elegir un nivel de iluminación.

_____

_____

10. ¿En qué tipo de alumbrado se establecerán los correspondientes ciclos de encendido y apagado mediante la disposición de relojes astronómicos o sistemas equivalentes, capaces de ser programados por ciclos diarios, semanales, mensuales o anuales, que permitirán obtener ahorro energético?

_____

_____

_____

_____

11. ¿Por qué se están sustituyendo las luminarias de alumbrado tradicionales por luminarias con tecnología LED?

_____
_____
_____
_____

12. Complete la siguiente oración.

Los condensadores son elementos asociados al _____. Puede ir conectado a la red o conectado _____. Su función principal es _____.

13. ¿Cuáles son los cuatro elementos fundamentales que forman un sistema de telegestión?

_____
_____
_____
_____

14. Relacione.

    a. Lámpara de vapor de mercurio.
    b. Difusor.
    c. Lámpara de vapor de sodio AP.
    d. Cuerpo o carcasa.

    __ No tiene buena reproducción cromática.
    __ Da un color de luz blanco-azulado.
    __ Es el elemento de soporte de los elementos alojados.
    __ Es la parte de cierre de la luminaria en la dirección del flujo luminoso.

15. ¿Qué sistema de control de las instalaciones de alumbrado exterior cuenta con un temporizador dotado de software, diseñado para seguir los horarios de salida y puesta de sol del lugar en el que se encuentra instalado?

Capítulo 3
Eficiencia energética de instalaciones de iluminación interior

Contenido

1. Introducción

En los dos capítulos anteriores se han descrito las características básicas de las instalaciones de iluminación interior y alumbrado exterior.

Pero para lograr los objetivos de eficiencia energética no basta con solo conocer los principios de funcionamiento, sino que es necesario profundizar en aquellos conceptos que permiten lograr dicha eficiencia energética.

Por ello, es necesario conocer los aparatos de medida y cómo realizar estas mediciones. Una vez realizadas estas mediciones, es posible cuantificar la eficiencia energética de las instalaciones de iluminación interior. En este capítulo se describirá cómo realizar esta cuantificación de manera adecuada.

Existen otros valores que inciden también en la eficiencia energética, como son el factor de potencia y la simultaneidad, que serán descritos igualmente.

Por último, se describirán otros modelos de lograr la eficiencia energética, como es el aprovechamiento de la luz natural o el empleo de sistemas de automatización.

2. Aparatos de medida

Con el fin de cuantificar de una manera adecuada la eficiencia energética de instalaciones de iluminación, son necesarios los aparatos de medida correspondientes.

Estos aparatos de medida para las instalaciones de iluminación interior son las siguientes:

- Luxómetro.
- Luminancímetro.
- Espectroscopio.
- Esfera de Ulbrich.

A continuación se realiza la descripción de cada uno de ellos.

2.1. Luxómetro

El luxómetro es un aparato que mide la iluminancia real de un ambiente. La unidad de medida que utiliza el luxómetro es el lux (lx). El funcionamiento del luxómetro consiste en captar la luz mediante célula fotoeléctrica y convertirla en impulsos eléctricos, que posteriormente son interpretados y mostrados en lux en la pantalla del luxómetro.

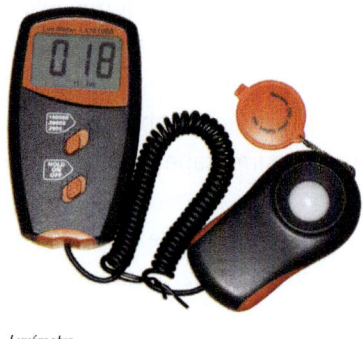

Luxómetro

Existen tipos muy variados de luxómetros, existiendo luxómetros para lugares con luminosidades débiles o con luminosidades fuertes.

 Sabía que...

Los luxómetros han sido utilizados en campos muy distintos al de la eficiencia energética de las instalaciones de iluminación y alumbrado. Por ejemplo, han sido utilizados por:

▮ Cineastas y fotógrafos, para medir la exposición a la luz de sus trabajos.
▮ Meteorólogos, para medir la luminosidad del cielo y así realizar sus predicciones.
▮ Profesionales de la jardinería, para medir la luminosidad en invernaderos.

Actividades

1. Cite un ejemplo de un lugar con luminosidad débil y otro con luminosidad fuerte.

2.2. Luminancímetro

El luminancímetro es un aparato que mide la luminancia en cualquier ambiente. Este aparato mide la luminancia no solo en un punto, sino en una dirección dada. Por ello, es fundamental disponer el aparato en la dirección que se desee medir.

La unidad de medida es la candela por metro cuadrado (cd/m^2).

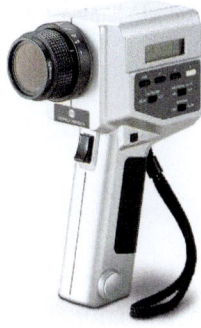

Luminancímetro

2.3. Espectroscopio

El espectroscopio o espectrómetro es un aparato que mide las propiedades de la luz en una porción del espectro electromagnético. Se utiliza principalmente para la medición de la intensidad luminosa.

Espectroscopio

 Definición

---

Espectro electromagnético
Es la distribución energética que el objeto luminoso emite en forma de radiación electromagnética.

2.4. Esfera de Ulbricht

La esfera de Ulbricht es un aparato que mide el flujo luminoso. Tiene forma
de esfera, que está hueca y está pintada de blanco completamente opaco. En
el interior de la esfera se sitúa el foco luminoso, cuyo flujo luminoso sale de la
esfera por el único orificio del que dispone.

Mediante una celda de medición situada en el lateral de uno de los lados de
la esfera se puede obtener el flujo luminoso que es emitido.

Esferas de Ulbricht

 **Sabía que...**

La esfera de Ulbricht fue inventada por el científico alemán Richard Ulbricht a principios del siglo XX.

3. Mediciones de iluminación

Las mediciones de iluminación pueden ser muy variadas, pero las mediciones de iluminación más importantes en las instalaciones de alumbrado interior son las mediciones de iluminancia (nivel de iluminación) y de luminancia (brillo fotométrico).

A continuación se muestra cómo realizar cada una de estas dos mediciones.

3.1. Mediciones de iluminancia

La medición de iluminancia se realiza mediante un luxómetro, que como se describió anteriormente, es un aparato que mide la iluminancia real de un ambiente.

Durante la medición de iluminancia con el luxómetro, se deben tener en cuenta los siguientes aspectos:

- Los puntos desde donde se realicen las mediciones deben ser los puntos de interés para el objeto por el que se realizan las mediciones. Por ejemplo, si el objeto es medir la iluminancia sobre la mesa de trabajo de una oficina, la iluminancia debe medirse sobre la mesa de trabajo.
- La inclinación del luxómetro debe ser la misma que la inclinación del objeto que se desea medir. Por ejemplo, si la inclinación de la mesa de trabajo es horizontal, el luxómetro debe tener estar en una posición horizontal.
- La persona que realice la medición no debe interponerse entre el objeto luminoso y el luxómetro.
- Cuando se va a realizar la medición sobre un área pequeña, puede bastar con una única medición. Sin embargo, si el área es grande, pueden ser necesarias varias mediciones. Estas mediciones deben realizarse bajo las mismas circunstancias.
- Las mediciones que se realizan no son totalmente precisas, sino que siempre tienen un grado de incertidumbre. Este grado de incertidumbre viene determinado por el propio aparato de medida y su calibración. Normalmente se expresa como 250 ± 5 lux. Siendo este 5 el grado de incertidumbre ya explicado (la cantidad 250 es únicamente un ejemplo de medida).

Por último, hay que tener en cuenta que, para realizar una correcta medición con el luxómetro, a este aparato de medida se le deben realizar calibraciones periódicas con el objeto de ajustar la precisión de la medición.

Actividades

2. Consulte la precisión de diferentes luxómetros. Esta información está disponible en los portales web de las empresas fabricantes de luxómetros, consultando sus características técnicas.

3.2. Mediciones de luminancia

La medición de luminancia se realiza mediante un **luminancímetro.**

Durante la medición de luminancia con el luminancímetro, se deben tener en cuenta los siguientes aspectos:

- La medición se debe realizar en condiciones reales de trabajo. Por tanto, se debe realizar tanto de día como de noche, si es que el lugar se emplea durante el día y la noche.
- El luminancímetro debe situarse a la altura de los ojos de la persona en su posición natural y dirigirse hacia las fuentes de luz.
- Las mediciones que se realizan no son totalmente precisas, sino que siempre tienen un grado de incertidumbre. Este grado de incertidumbre viene determinado por el propio aparato de medida y su calibración. Normalmente se expresa como $350 \pm 5 \ cd/m^2$. Siendo este 5 el grado de incertidumbre ya explicado (la cantidad 350 es únicamente un ejemplo de medida).

Para realizar una correcta medición con el luminancímetro, a este aparato de medida se le deben realizar calibraciones periódicas con el objeto de ajustar la precisión de la medición.

Actividades

3. ¿Puede ser completamente exacta la medición de la luminancia? Reflexione sobre esta pregunta, teniendo en cuenta las características técnicas de los luminancímetros o de cualquier otro aparato de medida.

4. Eficiencia energética de las instalaciones de iluminación interior

La eficiencia energética de las instalaciones de iluminación interior viene regulada en el Código Técnico de Edificación, en el la sección HE·3 de Eficiencia energética de las instalaciones de iluminación incluida en el documento básico HE de Ahorro de energía.

Como se menciona en este documento básico del CTE:

Los edificios dispondrán de instalaciones de iluminación adecuadas a las necesidades de sus usuarios y a la vez eficaces energéticamente disponiendo de un sistema de control que permita ajustar el encendido a la ocupación real de la zona, así como de un sistema de regulación que optimice el aprovechamiento de la luz natural, en las zonas que reúnan unas determinadas condiciones.

Por ello, es necesario y de obligado cumplimiento conocer los parámetros, niveles y factores de los que depende la eficiencia energética y que a continuación se van a describir.

4.1. Cuantificación de la eficiencia energética de la instalación

La eficiencia energética de una instalación de iluminación interior se cuantifica mediante el Valor de eficiencia energética de la instalación (VEEI). Este valor se expresa en W/m^2 por cada 100 lux.

La expresión del VEEI es la siguiente:

$$VEII = \frac{P \cdot 100}{S \cdot Em}$$

Siendo:

- VEEI: valor de eficiencia energética de la instalación (W/m$^2 \cdot$ lux).
- P: potencia total instalada en lámparas más equipos auxiliares (W).
- S: superficie iluminada (m^2).
- Em: luminancia media horizontal mantenida (lux).

4.2. Cálculo de la iluminancia media horizontal mantenida

La iluminancia media horizontal mantenida se define como el valor mínimo de la iluminancia media horizontal en el área especificada, es decir, por debajo del cual nunca debe descender la iluminancia media horizontal, durante el periodo de mantenimiento.

 Recuerde

La iluminancia media horizontal se define como el valor medio de la iluminancia horizontal existente en todos los puntos de una superficie. Se mide en lm/m^2 o lux. Su cálculo fue explicado en capítulos anteriores.

4.3. Valores de eficiencia energética límite

Los valores de eficiencia energética límite se establecen para dos grupos diferentes de instalaciones de iluminación, de acuerdo con el Código Técnico de la Edificación (CTE):

Tabla 3.1 - HE3 Valor límite de eficiencia energética de la instalación (VEEI$_{lim}$)

Uso del recinto	VEEI límite
Administrativo en general	3,0
Andenes de estaciones de transporte	3,0
Pabellones de exposición o ferias	3,0
Salas de diagnóstico [1]	3,5
Aulas y laboratorios [2]	3,5
Habitaciones de hospital [3]	4,0
Recintos interiores no descritos en este listado	4,0
Zonas comunes [4]	4,0
Almacenes, archivos, salas técnicas y cocinas	4,0
Aparcamientos	4,0
Espacios deportivos [5]	4,0
Estaciones de transporte [6]	5,0
Supermercados, hipermercados y grandes almacenes	5,0
Bibliotecas, museos y galerías de arte	5,0
Zonas comunes en edificios no residenciales	6,0
Centros comerciales (excluidas tiendas) [7]	6,0
Hostelería y restauración [8]	8,0
Religioso en general	8,0
Salones de actos, auditorios y salas de usos múltiples y convenciones, salas de ocio o espectáculo, salas de reuniones y salas de conferencias [9]	8,0
Tiendas y pequeño comercio [10]	8,0

Continúa en página siguiente >>

<< Viene de página anterior

Tabla 3.1 - HE3 Valor límite de eficiencia energética de la instalación (VEEI$_{llim}$)	
Uso del recinto	VEEI límite
Habitaciones de hoteles, hostales, etc.	10,0
Locales con nivel de iluminación superior a 600lux	2,5

(1) Incluye la instalación de iluminación de salas de examen general, salas de emergencia, salas de escáner y radiología, salas de examen ocular y auditivo y salas de tratamiento. Sin embargo, quedan excluidos locales cono salas de operación, quirófanos, unidades de cuidados intensivos, dentista, salas de descontaminación, salas de autopsias y mortuorios y otras salas que por su actividad puedan considerarse como salas especiales.

(2) Incluye la instalación de iluminación del aula y las pizarras de las aulas de enseñanza, aulas de prácticas de ordenador, música, laboratorios de lenguaje, aulas de dibujo técnico, aulas de prácticas y laboratorios, manualidades, talleres de enseñanza, y aulas de arte, aulas de preparación y talleres, aulas comunes de estudio y aulas de reunión, aulas clases nocturnas y educación de adultos, salas de lectura, guarderías, salas de juegos de guarderías y salas de manualidades.

(3) Incluye la instalación de iluminación interior de la habitación y baño, formada por iluminación general, iluminación de lectura e iluminación para exámenes simples.

(4) Espacios utilizados por cualquier persona o usuario, como recibidor, vestíbulos, pasillos, escaleras, espacios de transito de personas, aseos públicos, etc.

(5) Incluye las instalaciones de iluminación del terreno de juego y graderíos de espacios deportivos, tanto para actividades de entrenamiento y competición, pero no se incluyen las instalaciones de iluminación necesarias para las retransmisiones televisadas.

Los graderíos serán asimilables a zonas comunes.

(6) Espacios destinados al tránsito de viajeros como recibidor de terminales, salas de llegadas y salidas de pasajeros, salas de recogidas de equipajes, áreas de conexión, de ascensores, áreas de mostradores de taquillas, facturación e información, áreas de espera, salas de consigna, etc.

(7) Incluye los espacios de recibidor, recepción, pasillos, escaleras, vestuarios y aseos de los centros comerciales.

(8) Incluyes los espacios destinados a las actividades propias del servicio al público como recibidor, recepción, restaurante, bar, comedor, autoservicio, pasillos, escaleras, vestuarios, servicios, aseos, etc.

(9) En el caso de cines, teatros, salas de conciertos, etc. Se excluye la iluminación con fines de espectáculo, incluyendo la representación y el escenario.

 Nota

El Código Técnico de la Edificación (CTE) define los principios básicos de la edificación que afectan a las estructuras empleadas, a los materiales de construcción, etc. Por ello, contempla las instalaciones de iluminación interior como una parte fundamental de la edificación.

El CTE define para cada uno de estos grupos o zonas de representación los siguientes valores de eficiencia energética límite:

VALORES DE EFICIENCIA ENERGÉTICA LÍMITE

GRUPO	ZONA DE ACTIVIDAD DIFERENCIADA	VEEI LÍMITE
1 ZONAS DE NO REPRESENTACIÓN	Almacenes, archivos, salas técnicas y cocinas	5
	Zonas comunes	4,5
	Aparcamientos	5
	Administrativo en general	3,5
	Aulas y laboratorios	4
	Habitaciones de hospital	4,5
	Salas de diagnóstico	3,5
	Espacios deportivos	5
	Andenes de estaciones de transporte	3,5
	Pabellones de exposición o ferias	3,5
	Recintos interiores asimilables a grupo 1 no descritos en la lista anterior	4,5
2 ZONAS DE REPRESENTACIÓN	Zonas comunes	10
	Estaciones de transporte	6
	Zonas comunes en edificios residenciales	7,5
	Administrativo en general	6
	Religioso en general	10
	Salones de actos, auditorios y salas de usos múltiples y convenciones, salas de ocio y espectáculo, salas de reuniones y salas de conferencias	10
	Habitaciones de hoteles, hostales, etc.	12
	Hostelería y restauración	10
	Supermercados, hipermercados y grandes almacenes	6
	Centros comerciales (excluidas tiendas)	8
	Tiendas y pequeño comercio	10
	Bibliotecas, museos y galerías de arte	6
	Recintos interiores asimilables a Grupo 2 no descritos en la lista anterior	10

Actividades

4. ¿Qué zonas de actividad presentan unos valores límite de eficiencia energética superiores? ¿E inferiores? ¿Por qué los valores para el Grupo 2 son considerablemente superiores que para el Grupo 1?

Aplicación práctica

En una zona específica de la recepción de un hotel se quiere determinar si el equipo de iluminación tiene valores de eficiencia energética de acuerdo con la normativa vigente. La potencia de la lámpara más lo equipos auxiliares es de 15 W, la superficie específica es de 5 m^2 y la iluminancia media horizontal mantenida es de 20 lux.

Con estos datos, ¿cumple la instalación con los valores de eficiencia energética?

SOLUCIÓN

El valor de eficiencia energética es:

$$VEII = \frac{P \cdot 100}{S \cdot Em}$$

Siendo:

- VEEI: valor de eficiencia energética de la instalación (W/m^2 · lux).
- P: potencia total instalada en lámparas más equipos auxiliares (W).
- S: superficie iluminada (m^2).
- Em: luminancia media horizontal mantenida (lux).

Continúa en página siguiente >>

<< Viene de página anterior

Sustituyendo en la fórmula los valores de la instalación del hotel, se obtiene el siguiente VEEI:

$$VEEI = 15 \times 100 / 5 \times 20 = 15 \ W/m^2 \cdot lux$$

Según el Código Técnico de la Edificación, el VEEI para hostelería y restauración (zonas de representación 2) es de 10, por lo que el VEE es superior al incluido en la normativa y debería ser reducido.

4.4. Limitación de pérdidas de equipos auxiliares

Las pérdidas de los equipos auxiliares deben estar limitadas, de manera que se obtengan la mayor eficiencia energética posible.

La limitación de pérdidas depende de cada tipo de manera independiente.

La limitación de pérdidas de los equipos auxiliares (balastos, arrancadores y condensadores) suele situarse de forma aproximada entre los valores mostrados en la siguiente tabla:

LIMITACIÓN DE PÉRDIDAS DE LOS EQUIPOS AUXILIARES

Equipo auxiliar		Rango de pérdidas
Balasto	Magnético estándar	15-25 %
	Magnético bajas pérdidas	8-12 %
	Electrónico	5-11 %
Arrancadores		0,8-1,5 %
Condensadores		0,5-1 %

4.5. Factor de mantenimiento

El factor de mantenimiento es cociente entre la iluminancia media sobre el plano de trabajo después de un cierto periodo de uso de una instalación de alumbrado y la iluminancia media obtenida bajo la misma condición para la instalación considerada como nueva.

Su fórmula es la siguiente:

$$fm = \frac{I_{trabajo}}{I_{nueva}}$$

Donde:

- fm: factor de mantenimiento.
- $E_{trabajo:}$ iluminancia de trabajo.
- $E_{nueva:}$ iluminancia nueva.

El factor de mantenimiento siempre es inferior a la unidad (1), ya que la iluminancia tiende a decrecer forzosamente conforme está en servicio la lámpara, es decir, la iluminancia nunca es superior a iluminancia de la lámpara nueva. Aunque nunca será superior a la unidad, de cara a la eficiencia energética, es conveniente que el factor de mantenimiento sea lo más elevado posible, es decir, lo más cercano a la unidad que sea posible.

Existen multitud de elementos que afectan a los valores del factor de mantenimiento, entre los que destacan los siguientes:

- El tipo de lámpara que se utilice.
- Las características de la luminaria, entre las que destacan su estanqueidad.
- El tipo de cierre de la luminaria, ya que lo más aislada que esté del exterior, mayor será el factor de mantenimiento.

■ El mantenimiento que se lleve a cabo, ya que un mantenimiento diligente favorecerá el incremento del factor de mantenimiento.

■ La contaminación de la zona en la que se encuentre la lámpara.

4.6. Factor de utilización

El factor de utilización es el cociente entre el flujo luminoso que llega al plano de trabajo, denominado como flujo útil, y el flujo total que es emitido por las lámparas instaladas.

El factor de utilización depende de una serie de factores, como son la eficacia de las luminarias, la reflectancia de las paredes y las dimensiones del local.

Su fórmula es la siguiente:

$$fu = \frac{\phi_{útil}}{\phi_{emitido}}$$

Donde:

■ fu: factor de utilización.

■ $\phi_{útil}$: flujo útil.

■ $\phi_{emitido}$: flujo emitido por la lámpara.

Este factor nunca será superior a la unidad (1), al igual que el factor de mantenimiento, ya que el flujo útil nunca podrá ser superior al flujo emitido por la lámpara.

Actividades

5. ¿Qué podría significar que el factor de utilización fuera absolutamente cero?

Aplicación práctica

En el interior de una oficina existen dos lámparas de iguales características y que emiten el mismo flujo, siendo este de 15 lm. Sin embargo, para una lámpara (lámpara A) el flujo útil es de 13 lm y para otra (lámpara B) es de 10 lm.

Estime el factor de utilización para cada una de ellas (lámparas A y B).

¿Por qué son distintos? ¿Cuál presenta mayores ventajas energéticas con la información disponible?

SOLUCIÓN

El factor de utilización es la relación entre el flujo útil y el flujo emitido por la lámpara:

$$fu = \frac{\phi_{útil}}{\phi_{emitido}}$$

Donde:

- fu: factor de utilización.
- $\phi_{útil}$: flujo útil.
- $\phi_{emitido}$: flujo emitido por la lámpara.

Según los datos, el flujo emitido es de 15 lm, mientras que el flujo útil para la lámpara A es de 13 lm y para la lámpara B es de 10 lm.

Los factores de utilización serían:

- ϕu (lámpara A) = 13 / 15 = 0.87
- ϕu (lámpara B) = 10 / 15 = 0.67

El factor de utilización es mayor para la lámpara A.

La diferencia se debe a que presentan flujos de iluminación útiles distintos, aunque los flujos emitidos sean iguales.

Esto implica que el aprovechamiento de la lámpara A es superior que al de la lámpara B.

4.7. Niveles de iluminación

Los niveles de iluminación dependen principalmente del uso que se le vaya a dar al espacio que se desea iluminar. Las diferentes normativas existentes sobre niveles de iluminación son las siguientes:

- UNE-EN 12464-1:2022 Luz e iluminación. Iluminación de los lugares de trabajo. Parte 1: Lugares de trabajo en interiores.
- Guía Técnica para la evaluación y prevención de los riesgos relativos a la utilización de lugares de trabajo, que adopta la Norma EN 12.464.
- Norma UNE EN 12193:2020. Iluminación. Iluminación de instalaciones deportivas.

Dado que no resulta posible mostrar en el presente manual todos los niveles de iluminación que definen estas dos normas para todos los tipos de actividad posibles, se recomienda la consulta de estas dos normas que están disponibles en cualquier portal web.

Se muestra a continuación a modo de ejemplo los niveles de iluminación que se recomiendan en la Norma UNE EN 12193 de iluminación de instalaciones deportivas para la realización del deporte de la natación (deporte acuático):

EJEMPLO DE NIVELES DE ILUMINACIÓN SEGÚN LA NORMA UNE EN 12193	
CLASE	ILUMINACIÓN HORIZONTAL
NATACIÓN (Deportes acuáticos)	
I	500
II	300
III	200

Clase I: competición del más alto nivel. Clase II: Competición de nivel medio.
Clase III: Entrenamiento general. Fuente: Norma UNE EN 12193 y Philips.

Recuerde

La iluminación horizontal en un punto de la superficie depende del flujo luminoso que incide sobre la superficie que contiene el punto y la superficie del propio punto en sí.

5. Sistemas de aprovechamiento de la luz natural

El CTE recoge las condiciones para instalar sistemas de aprovechamiento de la luz natural que deben disponer los edificios. Por otra parte, existen sistemas de aprovechamiento muy diferentes y que son necesarios conocer.

A continuación se describen las condiciones contempladas en el CTE y, posteriormente, se presentan los sistemas de aprovechamiento de la luz natural existentes.

5.1. Condiciones para los sistemas de aprovechamiento de la luz natural

El CTE establece que todos los edificios han de disponer de sistemas de aprovechamiento de la luz natural, excepto los siguientes:

- Zonas comunes en edificios residenciales.
- Habitaciones de hospital.
- Habitaciones de hoteles, hostales, etc.
- Tiendas y pequeño comercio.

Para el resto de edificios, se deben instalar diferentes sistemas de aprovechamiento de la luz natural, con el fin de regular el nivel de iluminación y el aporte de luz natural al edificio.

 **Definición**

Lucernario
Ventana abierta en el techo o en la parte alta de las paredes.

5.2. Sistemas de aprovechamiento de la luz natural

Además, existen numerosos sistemas de aprovechamiento de la luz natural, que pueden reducir el coste energético de las instalaciones, ya que el coste de producción y uso de la luz natural es obviamente cero. Por ello, hay que aprovechar este tipo de energía que, si bien aporta algunas desventajas (difícil regulación, control de la intensidad, etc.), tiene un coste nulo.

A continuación se realiza una descripción de los diferentes sistemas y elementos existentes para el aprovechamiento de la luz natural.

Galería

La galería es un elemento arquitectónico que permite que la luz penetre en un edificio mediante unos orificios de paso. De esta manera, la galería es un recinto cubierto pero conectado al exterior por unos orificios de paso que permiten el paso de la luz.

Los niveles de iluminación son considerablemente reducidos, pero tiene una componente ambiental muy considerable.

Galería

Porche

El porche consiste en un recinto cubierto pero abierto al exterior, de manera que permite la entrada de luz a la vez que protege el recinto de la radiación solar directa y de otros fenómenos meteorológicos como la lluvia.

Porche

Patio

El patio consiste en un recinto rodeado de paredes pero abierto al exterior en su parte superior. Puede considerarse como un recinto completamente exterior, pero debido a la existencia de paredes, se considera como un sistema de aprovechamiento de luz natural, ya que las paredes pueden proporcionar zonas de sombra.

Patio

Atrio

El atrio es un espacio que está cerrado lateralmente mediante paredes pero que en la parte superior dispone de un techo traslúcido o transparente.

Atrio

Conducto de luz

Estos conductos llevan la luz hacia el interior de un edificio. Para mejorar la conducción de la luz, las paredes de estos conductos pueden ser de materiales reflejantes, de manera que la luz se aproveche en mayor medida.

Conducto de luz

Conducto solar

El conducto solar tiene un funcionamiento parecido a los conductos de luz, pero en este caso la luz penetra hacia el interior del edificio mediante la reflejación de los haces solares en materiales especialmente indicados para ello.

Conducto solar

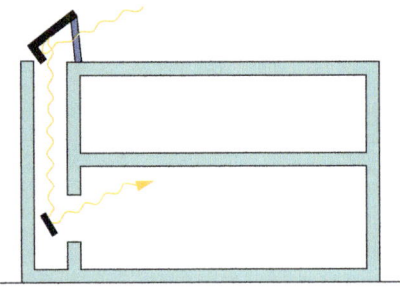

*Se aprecia cómo los rayos luminosos penetran por el conducto
solar hasta la habitación que se ilumina.*

Pared translúcida

La pared se fabrica o se construye mediante materiales translúcidos, que permiten la entrada de luz a la vez que aíslan el interior de los fenómenos meteorológicos del exterior.

Pared translúcida

Claraboya

La claraboya es un orificio o penetración en el techo o cubierta que permite la entrada de luz.

Claraboyas

Techo translúcido

El techo se fabrica o se construye mediante materiales translúcidos, que permiten la entrada de luz a la vez que aíslan el interior de los fenómenos meteorológicos del exterior.

Techo translúcido

Cúpula

La cúpula tiene una forma aproximadamente cónica y que permite la iluminación superior o cenital del espacio bajo el cual la cúpula se sitúa.

Cúpula

Membrana

La membrana es una superficie totalmente translúcida o transparente que envuelve un espacio al que pretende iluminar.

Membrana

Actividades

6. Los sistemas de aprovechamiento de la luz natural que se han descrito en este apartado son muy comunes en la arquitectura. Dé un paseo por su cuidad y busque ejemplos de estos sistemas de aprovechamiento de luz natural.

Aplicación práctica

Para reducir el consumo energético de un nuevo edificio, se plantea la utilización de sistemas de aprovechamiento de la luz natural. Las zonas en las que se quieren utilizar estos sistemas son muy diferentes entre sí, por lo que los sistemas de aprovechamiento de la luz natural han de ser también distintos. Estas zonas son las siguientes:

- **Zona A: es una zona en la que se requiere grandes niveles de iluminación, que puede situarse además en el exterior y que tiene que estar aislada de las corrientes de aire.**
- **Zona B: zona que tiene que estar cubierta pero abierta al exterior para facilitar la entrada y salida de personas del edificio, pero que estén cubiertas de las inclemencias meteorológicas.**

SOLUCIÓN

De acuerdo con las descripciones de los sistemas de aprovechamiento de la luz natural, los sistemas recomendados para las zonas del edificio serían los siguientes:

- Zona A: sistema de aprovechamiento tipo patio, ya que este sistema otorga grandes niveles de iluminación a la vez que corta las corrientes de aire que se pudieran generar, requisito imprescindible para esta zona.
- Zona B: sistema tipo porche, que además de ser muy adecuado arquitectónicamente para las entradas y salidas, su disposición permite estar resguardado de la lluvia, nieve, granizo, a la vez comunicarlo adecuadamente con el exterior.

6. Factor de potencia

Un concepto muy importante a conocer pues es vital para el dimensionamiento de una instalación de iluminación es el denominado como factor de potencia. Dicho factor de potencia (nombrado como cosφ), desde un punto de vista matemático, se corresponde con el cociente resultante de dividir la potencia activa entre la potencia aparente.

$$\cos\phi = P/S$$

En otras palabras más intuitivas, puede definirse para el campo de la iluminación de una forma más práctica como la cantidad de energía eléctrica que ha pasado a ser energía lumínica. Es, como consecuencia de esto, un valor indicativo y cuantitativo de la eficiencia con la que se efectúa un trabajo útil (la producción de luz) a partir de energía eléctrica, porque cuanto más alto sea dicho factor indicará que más energía eléctrica ha pasado a generar luz. Como consecuencia de esto, se ha de buscar siempre un valor lo más alto posible del factor de potencia para cualquier instalación eléctrica.

Se ha definido antes el factor de potencia en función de dos parámetros, que pasan a definirse a continuación:

- **Potencia Activa.** Es básicamente la potencia que transforma la energía eléctrica en trabajo. Este trabajo puede ser en forma de energía térmica, química, o como en el caso de iluminación, energía lumínica. En otras palabras, es la potencia realmente consumida por un circuito eléctrico. Suele denotarse por la letra P y se mide en Watios. Su fórmula es:

$$P = I \times V \times \cos\phi$$

- **Potencia Reactiva.** Es la potencia que se utiliza para tareas que no producen ningún trabajo (en el caso que ocupa creación de energía lumínica), como por ejemplo creación del campo magnético o almacenamiento del campo eléctrico. Se denota por la letra Q y se mide en Voltioamperios Reactivos (VAR). Está desfasada un ángulo de 90° con respecto a la Potencia Activa. Su fórmula es:

$$Q = I \times V \times sen\phi$$

- **Potencia Aparente.** Es la suma vectorial de la Potencia Activa y la Potencia Reactiva. Se denota por la letra S y se mide en Voltioamperios (VA). Esta potencia solo es la potencia útil cuando el factor de potencia es la unidad, caso en el que coincide con la Potencia Activa en valor. Su fórmula es:

$$P = I \times V$$

Todas las relaciones anteriormente expresadas quedan explicadas mediante el denominado **triángulo de potencias,** que se ve a continuación:

Triángulo de potencias, donde por trigonometría se obtienen las relaciones entre sus elementos

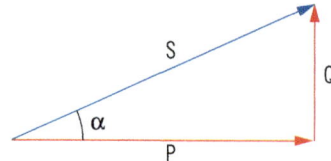

Gracias a la representación gráfica del triángulo de potencias se logran, tras aplicar leyes básicas de trigonometría para ángulos rectos, obtener las relaciones entre sus elementos. Así, aplicando la fórmula del coseno (cateto contiguo entre hipotenusa) se obtiene la definición del factor de potencia descrito.

Una vez descritos los fundamentos teóricos, es momento de continuar explicando el concepto de factor de potencia desde un punto de vista más práctico, que es lo que se hará en lo sucesivo.

Ya se ha visto que el consumo eléctrico es consecuencia de la suma del consumo de potencia activa (medida en kW) más el de la potencia llamada reactiva (en kVAR) por la presencia de equipos de carácter reactivo.

La potencia reactiva es necesaria para producir el flujo electromagnético que hacer funcionar elementos de iluminación interior tales como lámparas fluorescentes, por citar un ejemplo. Las cargas puramente resistivas como el alumbrado incandescente no precisan de corriente reactiva. Cuando haya muchos elementos consumidores de potencia reactiva la necesidad de esta aumenta notablemente, disminuyendo el factor de potencia. Por tanto, la potencia reactiva es necesaria en ciertas instalaciones de iluminación, pero su presencia ha de minimizarse siempre que sea posible pues genera para el usuario aumentos de intensidad de corriente, de la factura y de temperatura y de las pérdidas en el transporte de la electricidad.

Puede haber múltiples motivos que expliquen valores muy altos de energía reactiva, y los motivos más comunes, no solo para el campo de iluminación interior sino para todas las aplicaciones consumidoras de electricidad, son:

- Muchos motores y equipos de refrigeración y aire acondicionado.
- Mala planificación del sistema eléctrico en su conjunto.
- Deficiente estado de la red eléctrica y equipos (por falta de mantenimiento generalmente).

 Actividades

7. En función de las fórmulas de la Potencia Activa y Reactiva, deduzca qué valores del Factor de Potencia hacen máximos y mínimos sus valores.

Sobre el factor de potencia es muy importante recalcar la presencia de **cargas puramente resistivas** tales como **alumbrado incandescente,** que no precisan del uso de corriente reactiva por lo que no contribuyen al aumento de potencia reactiva y por ello mismo no disminuyen el factor de potencia, que es lo que pretende evitarse en todo momento.

Desde un punto de vista general, para combatir los bajos factores de potencia se han tomado medidas para controlar el consumo de energía reactiva. Como siempre, lo más efectivo es incrementar los costes tarifarios por consumo en energía reactiva, cobrando un cargo extra por demanda de kVAR para 'obligar' a los distintos consumidores a mejorar su factor de potencia disminuyendo su consumo de energía reactiva.

Por ello mismo, conseguir elevar el factor de potencia resulta práctico y económico. A nivel del sector de la iluminación interior en los hogares, como ya se ha dicho, lo más idóneo es sustituir cargas reactivas (tales como lámparas fluorescentes) por cargas resistivas (como lámparas incandescentes). También es muy frecuente intercalar un condensador entre los terminales de entrada de una lámpara fluorescente para acercar su factor de potencia a la unidad (esta compensación se conoce como **compensación en paralelo**).

 Nota

Con las actuales lámparas de bajo consumo, se consigue compensar el coste que supondrían las cargas resistivas con el mayor rendimiento luminoso obtenido, ya que con lámparas de menor potencia se consigue la misma calidad de iluminación.

Eso sí, ha de matizarse que en la vida real no pueden encontrarse equipos puramente resistivos ni puramente capacitivos, por lo que nunca se encontrarán factores de potencia de valor 1 ni 0. Cuando se acerque al valor 1 se dirá que el equipo es fuertemente resistivo, y cuando se acerque a 0 será fuertemente reactivo.

7. Simultaneidad

La simultaneidad o factor de simultaneidad es un concepto que se ideó para evitar sobredimensionar redes eléctricas en viviendas. Aunque entre luminarias y otros equipos de la vivienda la potencia total instalada sea la suma de sus potencias individuales, todos los equipos no van a estar conectados a la vez. Se estimará un porcentaje de esa potencia total instalada, el coeficiente de simultaneidad, que determinará la potencia máxima total que se requerirá a la red. Dicho factor será seleccionado por experiencias previas similares, o será directamente impuesto por la legislación.

 Definición

Factor de Simultaneidad
Cociente entre la potencia máxima aportada por una instalación eléctrica y la suma de las potencias nominales de cada uno de los receptores conectados a ella.

La **ITC-BT-25** es el documento que cuantifica los circuitos y sus características exigibles para instalaciones interiores en viviendas en baja tensión. Para el caso que ocupa en este capítulo, el circuito independiente a estudiar es el de distribución interna destinado a la alimentación de los puntos de iluminación, denominado como C1.

En él se exigen una serie de características eléctricas, como una potencia prevista por toma de 200 W o un factor de utilización de 0,5. Sobre el factor de simultaneidad dicho documento opta por un valor de 0,75, y lo define sucintamente como la relación de receptores conectados a la vez entre el total.

Actividades

8. Busque más información sobre la ITC-BT-25. ¿Qué otros circuitos abarca aparte del de alimentación de los puntos de iluminación?

Aplicación práctica

Sabiendo que en una línea destinada a la alimentación de luminarias se conectan 2 receptores de 3,2 Amperios, 2 de 5,6 A y 1 de 1,3 A se desea saber, ayudándose de la ITC-BT-25, la intensidad prevista para dicha línea. Utilícese para ello la fórmula que dice que la intensidad de la línea es el producto del número de receptores por la intensidad de cada receptor, por los factores de utilización y simultaneidad.

SOLUCIÓN

En el enunciado se dice la fórmula teórica a emplear, la cual llevada a una notación más intuitiva sería:

$$I = n \times IA \times Fu \times Fs$$

Los factores solicitados, para líneas de suministro eléctrico para alumbrado, vienen en la ITC-BT-25 y tienen un valor de 0,5 para el factor de utilización y de 0,75 para el factor de simultaneidad. Como la intensidad de los receptores no es la misma, habrán de separarse según dicha intensidad y luego sumarse, de la siguiente forma:

- $I1 = 2 \times 3,2 \times 0,5 \times 0,75 = 2,4$ A
- $I2 = 2 \times 5,6 \times 0,5 \times 0,75 = 4,2$ A
- $I3 = 1 \times 1,3 \times 0,5 \times 0,75 = 0,5$ A

Luego la intensidad total será la suma de las 3 intensidades parciales anteriores, dando un valor aproximado de 7,1 A.

8. Eficiencia de los sistemas de automatización

Los sistemas de automatización son dispositivos e instalaciones que persiguen lograr niveles deseables de iluminación y confort en viviendas, oficinas... Se busca un control lo más sencillo posible que implique además reducción del gasto energético.

8.1. Beneficios

De forma general se resumen los beneficios de los sistemas de automatización:

- **Eficiencia energética.** Se logra ahorrar energía iluminando solo las partes de la casa ocupadas, y en las ocupadas se obtendrán niveles de iluminación adecuados, nunca excesivos, mediante el control automatizado de las luces.
- **Ahorro económico.** Se estima puede lograrse un ahorro energético de hasta un 50% lo cual repercute en la factura eléctrica. Además se logran ahorros indirectos, como la reducción del mantenimiento preciso.
- **Sostenibilidad.** Esta práctica está en plena armonía con las directivas europeas actuales y los principios del desarrollo sostenible.
- **Seguridad.** Una adecuada iluminación previene accidentes, por lo que no solo los fines son económicos y energéticos, también se está hablando en términos de seguridad.
- **Confort.** Niveles óptimos de luz producen sensación de placer y bienestar, aumentando la calidad de vida del edificio.

El grado de automatización queda al gusto del consumidor. Existen desde tipologías muy sencillas, baratas e intuitivas para hogares convencionales (como ejemplo los pulsadores de luz de las zonas comunes de los bloques de pisos) hasta niveles de máxima complejidad para grandes oficinas y edificios, con las más novedosas y sofisticadas tecnologías y de mayores costes.

8.2. Sistemas de automatización comunes

Dentro de los sistemas de automatización, van a describirse los más comunes.

Sensores de ocupación

Encienden y apagan las luces automáticamente al detectar la presencia de una persona. Suelen emplearse en lugar con presencia de personas de forma intermitente, como baños, pasillos, aulas, etc.

Sensor de ocupación, típico de zonas no permanentemente ocupadas

Se llega a estimar un potencial de ahorro con estos dispositivos de, según los casos, entre un 20 % y un 60 % en salas de reuniones, entre un 30 y un 70 % en baños públicos y de entre un 20 y un 70 % en oficinas.

Tableros de iluminación

Gestionan la iluminación de un espacio o edificio con mucha antelación, desde unas horas antes hasta meses. Pueden interconectarse además con sistemas de aire acondicionado y calefacción con resultados óptimos. Suelen emplearse en áreas de trabajo tales como oficinas, donde el uso del edificio sea lo más predecible posible.

El potencial de ahorro energético de los tableros es difícil de cuantificar pues depende mucho de cada caso particular, pero mejoran considerablemente la eficiencia energética, y están especialmente indicados en oficinas bancarias, centros comerciales y edificios públicos, entre otros.

Fotosensores

Ajustan la luz artificial en función de la luz natural en cada momento. Muy útiles en zonas con acceso a luz natural, como habitaciones con ventanas, pasillos, espacios con tragaluz, etc.

Fotosensor instalado en una pared, en una habitación con acceso a la luz natural

El potencial de ahorro con estos dispositivos en aulas es de entre un 10 y un 70 % y en almacenes de abastecimiento de entre un 50 y 75 %, por citar unos ejemplos.

 ## Actividades

9. ¿Puede convivir un fotosensor y un sensor de ocupación en la misma habitación? ¿Por qué?

9. Resumen

Comprender los distintos parámetros que determinan las características de cada equipo de la instalación de iluminación interior es indispensable para su correcto dimensionamiento. Solo conociéndolos se podrán medir correctamente, empleando los aparatos de medida idóneos para cada magnitud. Así, destacan principalmente el luxómetro, que medirá la iluminancia, y el luminancímetro para la luminancia.

Estos datos que se han medido más los que aportan los fabricantes de las luminarias en sus especificaciones particulares permitirán obtener conclusiones y realizar comparativas.

Además, otros factores importantes a valorar son la optimización del uso de la luz natural durante las horas en las que sea viable así como la penetración con fuerza en el mercado de los sistemas de automatización de la iluminación, con espectaculares ahorros del consumo eléctrico por ahorro de luz innecesaria en oficinas, hogares, centros comerciales, etc.

Añadir, por último, que este es un sector en continuo desarrollo del que se esperan aún muchas innovaciones en un futuro inmediato.

Ejercicios de repaso y autoevaluación

1. **De las siguientes frases, indique cuál es verdadera o falsa.**

   a. El luxómetro mide la luminancia en cualquier ambiente.

      ☐ Verdadero
      ☐ Falso

   b. El luminancímetro mide la iluminancia real de un ambiente.

      ☐ Verdadero
      ☐ Falso

   c. El espectroscopio mide las propiedades de la luz en una porción del espectro electromagnético.

      ☐ Verdadero
      ☐ Falso

   d. La esfera de Ulbricht mide la potencia de la lámpara y de sus equipos auxiliares.

      ☐ Verdadero
      ☐ Falso

2. **¿Cuál debe ser la inclinación del luxómetro cuando se realice la medición?**

   _____
   _____
   _____
   _____

3. ¿De qué factores depende el valor de la eficiencia energética de una instalación de iluminación interior?

_____

_____

_____

_____

4. ¿Cuál es el parámetro que mide la relación entre los valores de iluminancia que se deben mantener a lo largo de toda la vida útil o de servicio de la lámpara y sus valores iniciales?

    a. Factor de utilización.
    b. Factor de mantenimiento.
    c. Iluminancia media horizontal mantenida.
    d. El valor de la eficiencia energética de una instalación.

5. ¿Qué mide el factor de utilización y cuál es su valor límite?

_____

_____

_____

_____

6. ¿Cuáles son los tres equipos auxiliares sobre los que se deben limitar las pérdidas?

_____

_____

_____

7. ¿Cuál de los siguientes elementos no afecta a los valores del factor de mantenimiento?

    a. Tipo de lámpara.
    b. El mantenimiento efectuado.
    c. La contaminación de la zona.
    d. Las mediciones de iluminancia que se realicen.

8. **De las siguientes frases, indique cuál es verdadera o falsa.**

   a. El sistema de galería aporta niveles de iluminación muy elevados.

      ☐ Verdadero
      ☐ Falso

   b. El atrio dispone de paredes translúcidas o transparentes, mientras que el techo es opaco.

      ☐ Verdadero
      ☐ Falso

   c. El conductor solar y el conducto de luz tienen funcionamientos similares.

      ☐ Verdadero
      ☐ Falso

   d. La cúpula tiene una forma cilíndrica que permite la iluminación superior o cenital.

      ☐ Verdadero
      ☐ Falso

9. **De las siguientes frases, indique cuál es verdadera o falsa.**

   a. El factor de potencia es el cociente entre la potencia activa y la reactiva.

      ☐ Verdadero
      ☐ Falso

   b. El coeficiente de simultaneidad es el cociente entre la potencia activa y la reactiva.

      ☐ Verdadero
      ☐ Falso

   c. El factor de potencia varía entre 0 y 1.

      ☐ Verdadero
      ☐ Falso

d. La simultaneidad puede ser negativa.

☐ Verdadero
☐ Falso

10. Complete la siguiente oración.

La potencia _____ es la potencia que transforma la energía eléctrica en _____.
En otras palabras, es la potencia realmente _____ por un circuito eléctrico.
Suele denotarse por la letra P y se mide en _____.

11. ¿Qué es la compensación en paralelo?

_____
_____
_____
_____

12. ¿Cuál es, según la ITC-BT-25, el valor para el factor de simultaneidad para instalaciones destinadas a la alimentación de circuitos de iluminación?

a. 0,25.
b. 0,5.
c. 0,75.
d. 1.

13. ¿Qué hacen los sensores de ocupación?

_____
_____
_____
_____

14. Complete la siguiente oración.

Los _____ ajustan la luz _____ en función de la luz _____ en cada momento. Muy útiles en zonas con acceso a luz natural, como habitaciones con _____ y espacios con tragaluz.

15. ¿Cuál de los siguientes elementos gestiona la iluminación de un edificio con una antelación de hasta muchos meses?

    a. Tableros de iluminación.
    b. Fotosensores.
    c. Lámparas incandescentes.
    d. Sensores de ocupación.

Capítulo 4

Eficiencia energética de instalaciones de iluminación exterior

Contenido

1. Introducción

Tratado el tema de la eficiencia energética para el caso de iluminación interior, resulta exactamente de igual relevancia su análisis y evaluación para las instalaciones de iluminación exterior. Además, ambos casos han de tratarse de forma independiente pues aunque comparten el objetivo global, maximizar la eficiencia energética, cada tipo goza de particularidades importantes que requieren enfoques bien diferenciados.

Y es que los procesos e incluso ciertos instrumentos serán distintos, así como los valores deseables o buscados de los parámetros eléctricos y lumínicos. En ambos casos, eso sí, la selección adecuada de las herramientas e instrumentos de medición será clave para la toma de los resultados veraces y de referencia.

Hablando ya de iluminación exterior resulta imprescindible un conocimiento y diferenciación de dos conceptos importantísimos con tendencia a confundirse: la luminancia y la iluminancia. *Grosso modo,* la primera viene referida a la cantidad de luz emitida por un foco, y la segunda la cantidad de luz que incide sobre una superficie, como se vio en el capítulo 2.

2. Aparatos de medida

Los aparatos encargados de recoger los parámetros relacionados con la iluminación exterior son los mismos que los empleados para la iluminación interior. Pueden diferenciarse en tener distintas sensibilidades en función del tipo de situaciones a las que habrán de exponerse, pero básicamente son los mismos mecanismos y los mismos procedimientos de medida.

Por ello, solo van a citarse para no ser reiterativo con el capítulo anterior, y se remite al lector al apartado 2 de dicho capítulo.

Así pues, los distintos aparatos para medir la iluminación exterior son:

- **Luminancímetro:** mide, como su nombre indica, la luminancia.
- **Luxómetro:** mide la iluminancia real.

- **Espectrómetro:** registra las propiedades lumínicas en una región del espectro electromagnético.
- **Esfera de Ulbricht:** mide el flujo luminoso.

3. Mediciones de iluminación

Con los aparatos ya vistos se realizarán las mediciones con la máxima precisión posible, en función de su sensibilidad. Su realización es enormemente importante, y habrá de hacerse cuando la iluminación exterior está recién instalada y también de forma rutinaria cada cierto tiempo.

Las mediciones cuando se acaba de instalar el equipo de alumbrado exterior tienen por objetivo verificar que los datos obtenidos coinciden con los previstos en el proyecto, tanto en el campo luminotécnico como en el eléctrico.

Por su parte, se ha matizado la importancia de verificar periódicamente las instalaciones de alumbrado por parte de un instalador autorizado a tal efecto. Dichas comprobaciones, como bien aclara la Instrucción Técnica Complementaria IT5 para Alumbrado Exterior, deberán comprender las siguientes mediciones:

a. **Medición de la potencia eléctrica consumida por la instalación.** Este parámetro se medirá mediante un analizador de potencia trifásico con un error no mayor al 5%. Además, en dicho proceso se medirá paralelamente la tensión de alimentación para valorar su desviación respecto a la tensión nominal.

b. **Medición de la iluminancia media de la instalación.** Dicho parámetro será el valor medio de todas las iluminancias que se han registrado en los puntos de la retícula de cálculo, según lo establecido en la ITC-EA-07 que se detallará mas adelante. El método simplificado conocido de los "nueve puntos" será válido.

c. **Uniformidad de la instalación.** Con los datos individuales realizados para el cálculo de la iluminancia media se hallará este parámetro.

Además, podrá ser necesario registrar otros parámetros igualmente importantes durante las operaciones de revisión y mediciones:

d. **Medir la luminancia media de la instalación.** Esto tendrá lugar cuando el proyecto incluya tipos de alumbrado con diversos valores de referencia para este parámetro.

e. **Conocer el deslumbramiento perturbador y la relación entorno SR,** conceptos de necesario conocimiento. El deslumbramiento perturbador es el deslumbramiento que perturba la visión de los objetos sin necesidad de causar una sensación desagradable. Cualquier luminaria situada a menos de 500 metros del observador afecta a dicho deslumbramiento.

 Actividades

1. ¿Cuál es la normativa vigente en materia de iluminación exterior? ¿Emplea documentos de apoyo?

Se calcula de forma teórica matemáticamente, mediante el incremento del umbral de percepción (denotado por TI), que en % se obtiene según la fórmula:

$$TI = 65 \frac{Lv}{(Lm)^{0,8}}$$

La fórmula solo puede aplicarse para luminancias medias de calzada de entre 0,05 y 5 cd/m².

En dicha fórmula L_v es la Luminancia de velo, la cual se calcula para cada hilera de luminarias situadas a menos de 500 metros del observador, comenzando de la más cercana a la más lejana, parando si se diera el momento en que la contribución individual de una hilera es inferior al 2 % de la acumulada hasta ese momento. La luminancia de velo, sabiendo que E_g es la iluminancia producida en el ojo en un plano perpendicular al de visión y que θ es el ángulo entre la dirección de incidencia de la luz en el ojo y la de observación, se obtiene de:

$$Lv = 10 \times \sum (Eg / q^2) \text{ en cd/m}^2$$

Por su parte, la relación entorno (denotada por su sus siglas en inglés SR: *Surround Ratio)* es un término también teórico. Requiere dividir en 4 rectángulos (cuya anchura será de 5 metros o, para calzadas inferiores a 10 metros de anchura, la mitad de la anchura de la calzada) de cálculo las zonas aledañas a los bordes de la calzada, interior y exterior a esta, según muestra la ilustración:

**Zonas de cálculo para calcular la relación entorno SR
(ITC-EA-07)**

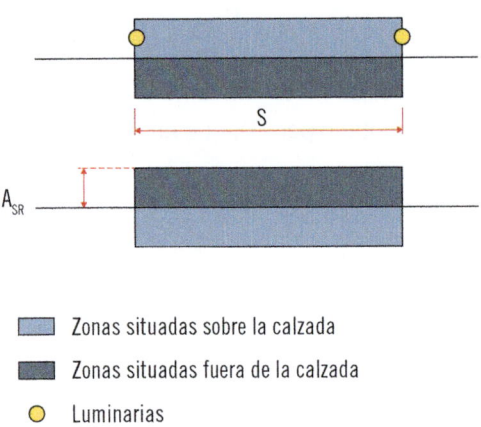

▭ Zonas situadas sobre la calzada
▬ Zonas situadas fuera de la calzada
○ Luminarias

Para obtener la **relación entorno SR** se calcula la relación entre la iluminancia media de la zona exterior de la calzada y la iluminancia media de la zona adyacente sobre la calzada, a ambos lados de la calzada. La relación entorno SR buscada será la más pequeña de las dos relaciones.

Dicho todo lo anterior, para poder profundizar aún más en el tema ha de aclararse que el Reglamento de referencia para mediciones de iluminación exterior es la Instrucción Técnica Complementaria EA-07 'Mediciones Lumino-técnicas en las Instalaciones de Alumbrado', llamada de forma abreviada ITC-EA-07. En este documento habrá que basarse a partir de ahora para desarrollar más este campo.

Lo primero de todo es contrastar, antes de realizar las mediciones oportunas, los diversos condicionantes que afectan a las mediciones para que puedan ser aceptadas como válidas. Dichos requisitos que han de cumplirse en alumbrado exterior vienen referidos a orígenes diversos:

a. **Tensión de alimentación.** Un voltímetro registrará dicha tensión durante la toma de medidas, y si esto no fuera posible se mediría la tensión de alimentación cada 30 minutos. Si se observan desviaciones se aplicarán las correcciones pertinentes. Como nota a añadir, se debería recurrir a medir con equipos en régimen nominal para el caso del uso de sistemas de regulación de flujo.

b. **Influencia de instalaciones colindantes o en las proximidades.** Deberá apagarse cualquier lámpara (incluidas las de vehículos) que pudieran afectar al valor de las medidas.

c. **Meteorología.** Las mediciones han de efectuarse con tiempo seco y sobre superficies o pavimentos limpios (salvo casos especiales). Además debe comprobarse la ausencia de niebla o brumas.

d. **Geometría de la instalación.** Se exigen las mismas dimensiones de longitud para que las mediciones puedan ser representativas, en ámbitos tan importantes como distancia entre focos de luz, su altura de montaje, longitud de brazo, inclinación del saliente, etc.

Una vez tenidos en cuenta dichos condicionantes ya es posible realizar las mediciones oportunas. Hay dos parámetros que destacan principalmente sobre el resto por su importancia, y serán los que se desarrollen con más detenimiento. Son la **luminancia** y la **iluminancia**.

Recuerde

La luminancia (L) es la magnitud física que manifiesta la cantidad de luz emitida por un manantial luminoso. Se expresa como el cociente entre la intensidad de luz emitida y la superficie aparente que la genera. También se la denomina, de un modo menos técnico, como brillo o esplendor. Se mide en candelas por metro cuadrado.

La iluminancia (E) es la cantidad de flujo luminoso que incide sobre una superficie por unidad de área. Su unidad es el Lux, y cada Lux equivale a 1 Lumen/m^2.

Actividades

2. ¿Puede la lluvia afectar a las mediciones lumínicas? ¿Por qué?

3.1. Medida de la luminancia

Una vez definida la luminancia se explicará cómo ha de medirse. La luminancia en un punto cualquiera se define, teóricamente, como:

$$L = \sum (I \times r / h^2)$$

Donde:

- El sumatorio representa al conjunto de luminarias presentes.
- I es la intensidad luminosa.
- r se corresponde con el coeficiente de luminancia reducido.
- h es la altura a la que está cada luminaria.

En la práctica, con todas las luminarias instaladas, se realizarán las medidas con aparatos de medida para comprobar si se corresponden con lo dictado por la teoría. Será necesario el empleo de una retícula de medida con un mínimo de puntos establecido como mínimo exigible.

Para el caso de la luminancia media y las uniformidades las medidas habrán de efectuarse sobre el terreno, siendo necesario un tramo de pavimento de unos 250 metros que ya haya sido usado durante un tiempo. Finalmente se compararán los resultados registrados con el cálculo previsto en el proyecto. Más detalles sobre la luminancia media serán aportados en el punto 'Cálculo de la luminancia media horizontal mantenida'.

Para el caso de las luminancias puntuales, denominado por la letra L, la medida deberá hacerse también con la ayuda del luminancímetro, usando un medidor de ángulo con cotas no mayores de 2' en la vertical, y entre 6' y 20' en la horizontal.

3.2. Medida de la iluminancia

Si para la medida de la luminancia se hacía uso del luminancímetro, para la medida se empleará una herramienta específica denominada **iluminancímetro** o más comúnmente **luxómetro.**

El luxómetro es un aparato de medida óptimo siempre y cuando cumpla una serie de exigencias:

a. Tener el rango de medida adecuado, en armonía con los niveles a medir.
b. Deberá estar calibrado por un laboratorio acreditado.
c. Dispondrá de un ángulo de corrección del coseno de hasta 85°.
d. Poseerá corrección cromática, acorde a lo dictado por CIE 69:1987 y de acuerdo con la distribución espectral de las fuentes luminosas empleadas.
e. Especificación del coeficiente de error por temperatura para el margen de temperatura de uso previsto durante el funcionamiento.

f. La fotocélula del luxómetro deberá estar siempre horizontal durante las medidas, por lo que habrá de disponerse de un sistema específico encargado de lograr dicho objetivo.

Volviendo a las medidas en sí, deberán efectuarse exactamente en los puntos especificados en la retícula de medida del proyecto sobre la capa de rodadura de la calzada. Deberán eliminarse todo tipo de obstáculos para que las luminarias que intervienen en la medida y forman parte de la instalación de alumbrado puedan verse desde la fotocélula.

Si se diera el caso de una reducción de la retícula de medida con respecto a la de cálculo, esto solo sería admisible en el caso de que no queden modificados los valores mínimos, máximos y medios en ± 5 %.

Además y en último lugar, de acuerdo con el ITC-EA-07, los valores medios de las magnitudes medidas (tanto luminancia como iluminancia) no podrán variar bajo ningún concepto en más de un 10 % respecto a los valores de cálculo emitidos en el proyecto.

4. Eficiencia energética de las instalaciones de iluminación exterior

La importancia de optimizar la eficiencia energética de todos los elementos que forman parte de las instalaciones destinadas a la iluminación exterior es clave tanto a nivel estatal como a nivel del consumidor doméstico. A nivel global repercute en que el Estado tendrá que, o bien producir más energía o bien importarla del exterior para satisfacer las altas demandas energéticas de cada municipio. Esto, más especialmente lo segundo, por supuesto constituye un aumento del coste unitario de la energía y además un aumento del gasto energético en ayuntamiento, lo cual finalmente canaliza en un aumento de la carga impositiva al ciudadano.

Un factor realmente importante y a valorar es la optimización del uso de la luz natural durante las horas en las que sea viable. A este respecto una adecuada planificación junto con dispositivos de retroalimentación puede generar ahorros notables con una inversión inicial moderada, que en todo caso quedará amortizada en el futuro.

4.1. Cuantificación de la eficiencia energética de la instalación

La **eficiencia energética de una instalación de alumbrado exterior** es la relación entre el producto de la superficie iluminada por la iluminancia media en servicio de dicha instalación, dividida entre la potencia activa total instalada.

La eficiencia energética de una instalación de alumbrado exterior se mide en m² lux/W, mientras que la superficie lo hará en m², la potencia en W y la Iluminancia media en lux.

Otro modo de calcular la eficiencia energética es mediante el producto de 3 factores: factores de mantenimiento, de utilización de la instalación y de la eficiencia de lámparas y equipos auxiliares (este último es el cociente entre el flujo luminoso emitido por una lámpara y la potencia consumida por la lámpara más su equipos auxiliares, los otros 2 conceptos se detallarán en extensión en lo más adelante).

Actividades

3. ¿Precisa la célula del luxómetro de algún elemento regulador o corrector? ¿Cuál y para qué?

4.2. Cálculo de la Iluminancia media horizontal mantenida

Tal y como se estudió en el capítulo 2, la iluminancia media horizontal de una superficie es el valor medio de las iluminancias horizontales de todos los puntos de una superficie. Por tanto, habrían de hallarse las Iluminancias horizontales de cada punto para conocer cuál sería su valor medio.

La iluminancia horizontal se mide en lumen/m² y para su cálculo en un punto de la superficie habrá de conocerse la intensidad y el ángulo de incidencia junto con la altura de montaje de la luminaria. En concreto:

$$Eh = I \cos^3\alpha / h^2$$

Donde:

- Eh: iluminancia horizontal.
- I: intensidad luminosa (en candelas, cd).
- α: ángulo entre la dirección de incidencia y la vertical.
- h: altura de la luminaria.

Para medir la Iluminancia media horizontal mantenida, por ejemplo en una acera o carretera, se usa el conocido como 'método de los 9 puntos'. Consisten en medir la iluminancia horizontal en 15 puntos de una superficie plana con un luxómetro. Los puntos se escogen, según el gráfico que se adjunta, en los puntos de corte de las abscisas B, C y D con las ordenadas del 1 al 5, siendo 's' la separación entre luminarias y 'a' el ancho de la calzada o plano de estudio.

Coordenadas de los puntos a medir siguiendo el método de los 9 puntos en una carretera (ITC-EA-07)

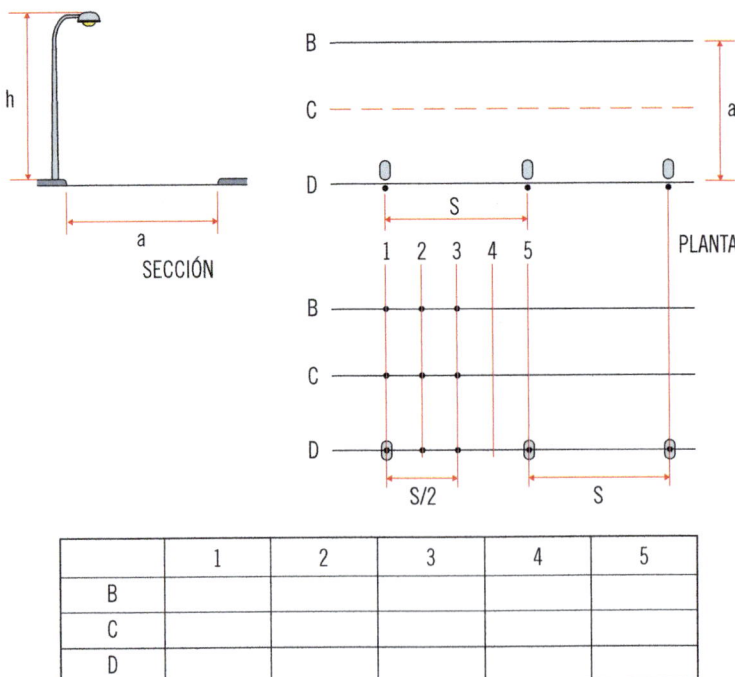

	1	2	3	4	5
B					
C					
D					

Para evitar o minimizar la aparición de errores, si los valores de iluminancia de los puntos de corte B1 y B5 no coincidieran se pondría como valor del punto P1 la media aritmética de los anteriormente citados, así:

- E1 = (B1 + B5) / 2
- E2 = (C1 + C5) / 2
- E3 = (D1 + D5) / 2
- E4 = (B2 + B4) / 2
- E5 = (C2 + C4) / 2
- E6 = (D2 + D4) / 2
- E7 = D3
- E8 = C3
- E9 = D3

Sabiendo esto, ya se podría obtener la iluminancia media, como:

$$Em = (E1 + 2E2 + E3 + 2E4 + 4E5 + 2E6 + E7 + 2E8 + E9) / 16$$

El esquema anterior valdría para obtener la luminancia media propiamente dicha, y también la horizontal y la vertical. Para que la iluminancia obtenida sea la iluminancia media horizontal buscada, simplemente habrá que recurrir a emplear luminancias puntuales horizontales.

4.3. Valores de eficiencia energética límite

Los valores de eficiencia energética deberán satisfacer o superar unos valores mínimos para que su rendimiento pueda considerarse apto. Dichos requisitos variarán según una serie de parámetros, y además habrán de agruparse según los distintos tipos de alumbrado vial que se considere, ya sea vial funcional o vial ambiental. Así, se establecerán 3 grupos.

Instalaciones de alumbrado vial funcional

De acuerdo con la Instrucción Técnica Complementaria EA-01, los requisitos de eficiencia energética mínima de la iluminación de alumbrado vial funcional son los siguientes:

EFICIENCIA ENERGÉTICA MÍNIMA DE LA ILUMINACIÓN DE ALUMBRADO VIAL FUNCIONAL

Iluminancia media en servicio proyectada Em (lux)	Eficiencia energética de mínima (m² lux / W)
≥ 30	22
25	20
20	17,5
15	15
10	12
≤ 7,5	9,5

Instalaciones de alumbrado vial ambiental

Se denomina así al alumbrado que se dispone en vías urbanas para iluminar centros históricos, vías peatonales, aceras, parques, etc. sobre soportes de baja altura (de 3 a 5 metros). Independientemente del tipo de lámpara y de la geometría de la instalación deberán cumplir, una serie de requisitos en cuanto a eficiencia energética. De acuerdo con la Instrucción Técnica Complementaria EA-01, los requisitos de eficiencia energética de la iluminación de **alumbrado vial ambiental** son los siguientes:

EFICIENCIA ENERGÉTICA MÍNIMA DE LA ILUMINACIÓN DE ALUMBRADO VIAL AMBIENTAL

Iluminancia media en servicio proyectada Em (lux)	Eficiencia energética de mínima (m² lux/W)
≥ 20	9
15	7,5
10	6
7,5	5
≤ 5	3,5

Otras instalaciones de alumbrado

Es el caso de alumbrado específico, ornamental, de vigilancia y seguridad nocturna, y el de señales y anuncios luminosos, que se explican en el capítulo 2. A modo de resumen de lo más importante allí expuesto, decir que se tendrán principalmente en cuenta los siguientes aspectos:

a. Solo se iluminará la superficie objetivo.
b. Uso de lámparas de elevada eficacia luminosa compatibles con los requisitos cromáticos de la instalación y con valores que respeten los mínimos admisibles del capítulo 1 de la ITC-EA-04.
c. Empleo de luminarias y proyectores de rendimiento luminoso elevado según la ITC-EA-04.
d. El equipo auxiliar será de pérdidas mínimas, cumpliendo a los valores de potencia máxima del conjunto lámpara y equipo auxiliar, fijados en la ITC-EA-04.
e. El factor de utilización de la instalación será el más elevado posible.
f. El factor de mantenimiento de la instalación será el máximo posible, de acuerdo a la ITC-EA-06.

Por último, para el caso particular del alumbrado navideño, como ya se dijera, la potencia de las lámparas incandescentes no será superior a 15 W, y se respetará lo dictado por la ITC-EA-02.

 Aplicación práctica

Se desea conocer la iluminancia media horizontal mantenida de una carretera de 7 metros de ancho con luminarias distantes entre sí cada 12 metros y 7 metros de altura. Se empleará el método de los 9 puntos, y se pide determinar dónde se colocarán los puntos de la retícula de medida en las direcciones principales con los datos de partida.

Si en el punto P3 (justo debajo de una luminaria) la iluminancia fue de 30 lux y en el punto P15 (debajo también de otra luminaria) fue de 33 lux, ¿hay algún inconveniente o incongruencia al respecto?

Continúa en página siguiente >>

<< Viene de página anterior

SOLUCIÓN

Según el Método de los 9 puntos el eje que une las luminarias se elige con el de abscisas, y entre 2 luminarias seguidas se intercalan 5 puntos colineales de la malla, que distan una cuarta parte de la distancia entre luminarias. Por tanto en este caso se dispondrán los puntos distantes cada 12/4 = 3 metros en el eje de abscisas. En ordenadas los puntos se alinean siguiendo el ancho de la calzada. En esta dirección solo se dispondrán 3 puntos según dicta el Método, que distarán entre sí 7/2 = 3,5 metros. Por tanto queda ya definida la malla de puntos.

Por último, se pregunta si 2 puntos situados justo debajo de una luminaria deberían tener la misma iluminancia. La respuesta es sí, pero por ciertos motivos pueden no coincidir a veces. En ese caso lo ideal es hacer la media aritmética de los valores para minimizar el error, en este caso se otorgaría al punto P3 una iluminancia de (33 + 30) / 2 = 31,5 lux a la hora de calcular la iluminancia media horizontal.

4.4. Limitación de pérdidas y potencia máxima de equipos auxiliares

Como ya se ha venido diciendo un aspecto clave para maximizar la eficiencia energética es luchar por obtener rendimientos máximos y pérdidas mínimas en la medida de lo posible. Dichas pérdidas provocarán un aumento de la potencia consumida, disminuyendo la eficiencia de la instalación de alumbrado. Por tanto, los equipos auxiliares de las instalaciones de iluminación exterior habrán de minimizar sus pérdidas.

Además, por lo ya explicado, la ITC-EA-04 exige que la potencia máxima de carácter eléctrico consumida por la lámpara de descarga más el equipo auxiliar no sobrepase ciertos valores, que se incluyeron en el citado capítulo 2.

Actividades

4. Amplíe información acerca de la legislación sobre condiciones para el alumbrado navideño consultando la ITC-EA-02.

4.5. Factor de mantenimiento

El **factor de mantenimiento** (fm) es un concepto que se define como el cociente entre la iluminancia media en la zona iluminada tras un período de funcionamiento de la instalación de alumbrado exterior (llamada Iluminancia media en servicio-$E_{servicio}$) y la iluminancia media al inicio de su funcionamiento (conocida como iluminación media inicial– $E_{inicial}$).

El objetivo es que el factor de mantenimiento se acerque lo máximo posible a 1 (nunca podrá superar dicho valor ($f_m < 1$) ya que nunca podrá proporcionar una iluminancia mayor que cuando comenzó a funcionar), para precisar de una frecuencia de mantenimiento lo más baja posible. Además depende de una serie de parámetros, como son:

a. Tipología de lámpara, la depreciación del flujo luminoso y la supervivencia en el transcurso del tiempo.
b. Estanqueidad del sistema óptico de la luminaria a lo largo de su funcionamiento.
c. El tipo de cierre de la luminaria.
d. La calidad y frecuencia del mantenimiento.
e. Naturaleza de la zona en la que esté la luminaria.

Para hallar el valor del factor de mantenimiento habrá de calcularse el producto de los factores de depreciación del flujo luminoso de las lámparas (FDFL), de su supervivencia (FSL) y de depreciación de la luminaria (FDLU).

$$Fm = FDFL \cdot FSL \cdot FDLU$$

Los dos primeros factores están acotados por valores máximos admisibles que vienen tabulados en la ITC-EA-06 en función del tipo de luminaria y de las horas de funcionamiento.

FACTORES DE DEPRECIACIÓN DEL FLUJO LUMINOSO DE LAS LÁMPARAS (FDFL)

Tipo de lámpara	Periodo de funcionamiento en horas				
	4.000 h	6.000 h	8.000 h	10.000 h	12.000 h
Sodio alta presión	0,98	0,97	0,94	0,91	0,90
Sodio baja presión	0,98	0,96	0,93	0,90	0,87
Halogenuros metálicos	0,82	0,78	0,76	0,76	0,73
Vapor de mercurio	0,87	0,83	0,80	0,78	0,76
Fluorescente tubular Trifósforo	0,95	0,94	0,93	0,92	0,91
Fluorescente tubular Halofosfato	0,82	0,78	0,74	0,72	0,71
Fluorescente compacta	0,91	0,88	0,86	0,85	0,84

FACTORES DE SUPERVIVENCIA DE LAS LÁMPARAS (FSL)

Tipo de lámpara	Periodo de funcionamiento en horas				
	4.000 h	6.000 h	8.000 h	10.000 h	12.000 h
Sodio alta presión	0,98	0,96	0,94	0,92	0,89
Sodio baja presión	0,92	0,86	0,80	0,74	0,62
Halogenuros metálicos	0,98	0,97	0,94	0,92	0,88
Vapor de mercurio	0,93	0,91	0,87	0,82	0,76
Fluorescente tubular Trifósforo	0,99	0,99	0,99	0,98	0,96
Fluorescente tubular Halofosfato	0,99	0,98	0,93	0,86	0,70
Fluorescente compacta	0,98	0,94	0,90	0,78	0,50

Por último, el factor de depreciación de la luminaria viene expresado en función del grado de protección de la luminaria, del grado de contaminación de la misma y del intervalo de limpieza en años.

FACTORES DE DEPRECIACIÓN DE LAS LUMINARIAS (FDLU)

Grado de protección sistema óptico	Grado de contaminación	Intervalo de limpieza en años				
		1 año	1,5 años	2 años	2,5 años	3 años
IPX 2X	Alto	0,53	0,48	0,45	0,43	0,42
	Medio	0,62	0,58	0,56	0,54	0,53
	Bajo	0,82	0,80	0,79	0,78	0,78
IPX 5X	Alto	0,89	0,87	0,84	0,80	0,76
	Medio	0,90	0,88	0,86	0,84	0,82
	Bajo	0,92	0,91	0,90	0,89	0,88
IPX 6X	Alto	0,91	0,90	0,88	0,85	0,83
	Medio	0,92	0,91	0,89	0,88	0,87
	Bajo	0,93	0,92	0,91	0,90	0,90

A los efectos del cálculo del factor de mantenimiento, 1 año equivale a 4.000 h de funcionamiento.

Actividades

5. Busque en la ITC-EA-06 el factor de supervivencia de una lámpara de sodio a baja presión e indique si su valor es mayor o menor funcionando 4 o 6 horas diarias. ¿Por qué?

En el caso de túneles y pasos inferiores, para el cálculo de fm habrá que tener en cuenta un factor adicional, FDRS o Factores de depreciación de las superficies del recinto, que serán los que establece la siguiente tabla:

FACTORES DE DEPRECIACIÓN DE LAS SUPERFICIES DEL RECINTO (FDSR)

Índice del recinto (1) Ir	Distribución flujo luminoso	Intervalo de limpieza en años																
		0,5 años Grado de contaminación(1)			1 año Grado de contaminación(1)			1,5 años Grado de contaminación(1)			2 años Grado de contaminación(1)			2,5 años Grado de contaminación(1)			3 años Grado de contaminación(1)		
		B	M	A	B	M	A	B	M	A	B	M	A	B	M	A	B	M	A
Pequeño Ir = 0,7	Directo	0,97	0,96	0,95	0,97	0,94	0,93	0,96	0,94	0,92	0,95	0,93	0,90	0,94	0,92	0,89	0,94	0,92	0,88
	Direc/Indirec	0,94	0,88	0,84	0,90	0,86	0,82	0,89	0,83	0,80	0,87	0,82	0,78	0,85	0,80	0,75	0,84	0,79	0,74
	Indirecto	0,90	0,84	0,80	0,85	0,78	0,73	0,83	0,75	0,69	0,81	0,73	0,66	0,77	0,70	0,62	0,75	0,68	0,59
Medio Ir = 2,5	Directo	0,98	0,97	0,96	0,98	0,96	0,95	0,97	0,96	0,95	0,96	0,95	0,94	0,96	0,95	0,94	0,96	0,95	0,94
	Direc/Indirec	0,95	0,90	0,86	0,92	0,88	0,85	0,90	0,86	0,83	0,89	0,85	0,81	0,87	0,84	0,79	0,86	0,82	0,78
	Indirecto	0,92	0,87	0,83	0,88	0,82	0,77	0,86	0,79	0,74	0,84	0,77	0,70	0,81	0,74	0,67	0,78	0,72	0,64
Grande Ir = 5	Directo	0,99	0,97	0,96	0,98	0,96	0,95	0,97	0,96	0,93	0,96	0,95	0,94	0,96	0,95	0,94	0,96	0,95	0,94
	Direc/Indirec	0,95	0,90	0,86	0,94	0,88	0,85	0,90	0,86	0,83	0,89	0,85	0,81	0,87	0,84	0,79	0,86	0,82	0,78
	Indirecto	0,92	0,87	0,83	0,88	0,82	0,77	0,86	0,79	0,74	0,84	0,77	0,70	0,81	0,74	0,68	0,78	0,72	0,65

Grado de contaminación: B = Baja, M = Media, A = Alta

Índice de recinto	$Ir = \dfrac{L \cdot A}{H \cdot (L + A)}$	siendo L= longitud recinto, A= anchura recinto y H = altura montaje luminarias

Se observa que una variable a tener en cuenta a la hora de calcular este factor es el grado de contaminación atmosférica, y es que la actividad que se desarrolle en la zona en la que está instalada la luminaria va a contribuir a que este factor sea mayor o menor.

Cuando la luminaria se encuentra en una zona en la que se desarrollan actividades generadoras de humo y polvo con niveles elevados como:

a. Vías de tráfico rodado de muy alta intensidad de tráfico.
b. Zonas expuestas al polvo, contaminación atmosférica elevada y, eventualmente, a compuestos corrosivos generados por la industria de producción o de transformación.
c. Influencia marítima. Se verán con frecuencia envueltas en penachos de humo y nubes de polvo, que comportará un ensuciamiento importante de la luminaria en un medio corrosivo, y el grado de contaminación será alto.

Si se encuentran en una zona donde el tráfico de vehículos es moderado y la cantidad de partículas en el ambiente es menor o igual a 600 µg/m³, como en:

a. Vías urbanas o periurbanas sometidas a una intensidad de tráfico medio.
b. Zonas residenciales, de actividad u ocio, con las mismas condiciones de tráfico de vehículos.
c. Aparcamientos al aire libre de vehículos.

Se supondrá un ensuciamiento es menor, correspondiendo a un grado de contaminación medio.

Y si en la zona en la que se encuentran las luminarias las actividades que se desarrollan no generan ni humo ni polvo y el tráfico es ligero (el nivel de partículas en el ambiente es igual o inferior a 150 µg/m³), como:

a. Vías residenciales no sometidas a un tráfico intenso de vehículos.
b. Grandes espacios no sometidos a contaminación.
c. Medio rural.

El grado de contaminación será bajo.

Aplicación práctica

Teniendo en cuenta los siguientes datos, halle el factor de mantenimiento:

I Lámparas de vapor de sodio de alta presión.
I Alumbrado exterior de zona portuaria industrial.
I 6000 horas de funcionamiento para la lámpara.
I Intervalo de limpieza de luminarias: 1,5 años.
I Grado de protección de la luminaria: IP 5X.

SOLUCIÓN

Hallamos el factor de mantenimiento con la siguiente fórmula:

FACTORES DE DEPRECIACIÓN DEL FLUJO LUMINOSO DE LAS LÁMPARAS (FDFL)

TIPO DE LÁMPARA	Periodo de funcionamiento en horas				
	4.000 h	6.000 h	8.000 h	10.000 h	12.000 h
Sodio alta presión	0,98	0,97	0,94	0,91	0,90
Sodio baja presión	0,98	0,96	0,93	0,90	0,87
Halogenuros metálicos	0,82	0,78	0,76	0,76	0,73
Vapor de mercurio	0,87	0,83	0,80	0,78	0,76
Fluorescente tubular Trifósforo	0,95	0,94	0,93	0,92	0,91
Fluorescente tubular Halofosfato	0,82	0,78	0,74	0,72	0,71
Fluorescente compacta	0,91	0,88	0,86	0,85	0,84

A continuación, teniendo en cuenta las tablas, se hallan los datos necesarios para su cálculo:

FDFL = 0,97
FSL = 0,96

Para hallar el Factor de depreciación de la luminaria se tiene que el grado de contaminación es elevado, ya que la instalación está en una zona portuaria (cercana al mar) e industrial.

FDLU = 0,87

Por tanto: fm = 0,97 x 0,96 x 0,87 = 0,81

4.6. Factor de utilización

Se denomina **factor de utilización (f$_u$)** al cociente resultante de dividir el flujo útil procedente de las luminarias que llega a la superficie a iluminar entre el flujo emitido por las lámparas instaladas en las luminarias.

El factor de utilización de la instalación depende de diversos parámetros como son el tipo de lámpara, la distribución de la intensidad de luz y el rendimiento de las luminarias, así como también de la geometría específica de la instalación. Esto último se refiere a todo lo relativo a las características dimensionales de la superficie a iluminar y a la disposición estratégica de las luminarias en la instalación de alumbrado exterior (en concreto, su tipo de implantación, la altura de las luminarias y la distancia entre los diversos puntos de luz).

4.7. Niveles de iluminación

Se conoce como **nivel de iluminación** el conjunto de requisitos luminotécnicos o fotométricos, tales como la luminancia, iluminancia, uniformidad, deslumbramiento, etc. requeridos para una situación específica. En el caso concreto del alumbrado vial, se le conoce también como clase de alumbrado.

Como norma general, según las situaciones que ampara la ITC-EA-02, los niveles máximos de luminancia e iluminancia media de las instalaciones de alumbrado no superarán en ningún caso el 20% los niveles medios de referencia que establece dicho documento. Deberá respetarse fielmente el valor de la uniformidad mínima, mientras que el resto de requisitos fotométricos, que se definen para cada clase de alumbrado son solo de referencia, no obligatorios. Además, los requisitos fotométricos anteriores no serán aplicables en situaciones excepcionales si queda justificado y aprobado por el órgano competente de la Administración Pública.

Existen diversos niveles de iluminación separados por categorías o funciones de las luminarias:

- **Viarios,** cuya función está directa o indirectamente asociada al tráfico. Se diferencian según tipos de vías, si están secas o no. También se analizan otros alumbrados específicos relativos a glorietas, pasos peatonales, túneles, aparcamientos, etc. Se trataron ampliamente en el capítulo 2.
- **Ornamentales,** aquellos que corresponden a la iluminación de fachadas de edificios y monumentos, estatuas, murallas, fuentes, y paisajes como ríos, riberas... Los niveles de iluminación serán:

NIVELES MÍNIMOS DE ILUMINANCIA MEDIA EN SERVICIO EN ALUMBRADO ORNAMENTAL

NATURALEZA DE LOS MATERIALES DE LA SUPERFICIE ILUMINADA	NIVELES DE ILUMINANCIA MEDIA (Lux) (1) Iluminación de los alrededores			NIVELES DE ILUMINANCIA MEDIA (Lux) (1) Corrección para el tipo de lámpara		COEFICIENTES MULTIPLICADORES DE CORRECCIÓN (2) Corrección para el estado de la superficie iluminada	
	Baja	Media	Elevada	H.M. V.M.	S.A.P S.B.P	Sucia	Muy sucia
Piedra clara, mármol claro	20	30	60	1,0	0,9	3,0	5,0
Piedra media, cemento, mármol coloreado claro	40	60	120	1,1	1,0	2,5	5,0
Piedra oscura, granito gris, mármol oscuro	100	150	300	1,0	1,1	2,0	3,0
Ladrillo amarillo claro	35	50	100	1,2	0,9	2,5	5,0
Ladrillo marrón claro	40	60	120	1,2	0,9	2,0	4,0
Ladrillo marrón oscuro, granito rosa	55	80	160	1,3	1,0	2,0	4,0
Ladrillo rojo	100	150	300	1,3	1,0	2,0	3,0
Ladrillo oscuro	120	180	360	1,3	1,2	1,5	2,0
Hormigón arquitectónico	60	100	200	1,3	1,2	1,5	2,0

Continúa en página siguiente >>

<< Viene de página anterior

NIVELES MÍNIMOS DE ILUMINANCIA MEDIA EN SERVICIO EN ALUMBRADO ORNAMENTAL

NATURALEZA DE LOS MATERIALES DE LA SUPERFICIE ILUMINADA	NIVELES DE ILUMINANCIA MEDIA (Lux) (1) Iluminación de los alrededores			NIVELES DE ILUMINANCIA MEDIA (Lux) (1) Corrección para el tipo de lámpara		COEFICIENTES MULTIPLICADORES DE CORRECCIÓN (2) Corrección para el estado de la superficie iluminada	
	Baja	Media	Elevada	H.M. V.M.	S.A.P S.B.P	Sucia	Muy sucia
Revestimiento de aluminio:							
- Terminación natural	200	300	600	1,2	1,1	1,5	2,0
- Termolacado muy coloreado (10 %) rojo, marrón, amarillo	120	180	360	1,3	1,0	1,5	2,0
- Termolacado muy coloreado (10 %) azul-verdoso	120	180	360	1,0	1,3	1,5	2,0
- Termolacado colores medios (30-40 %), rojo, marrón, amarillo	40	60	120	1,2	1,0	2,0	4,0
- Termolacado colores medios (30-40 %), azul-verdosa	40	60	120	1,0	1,2	2,0	4,0
- Termolacado colores pastel (60-70 %), rojo, marrón, amarillo	20	30	60	1,1	1,0	3,0	5,0
- Termolacado colores pastel (60-70 %), azul-verdoso	20	30	60	1,1	1,1	3,0	5,0

Valores mínimos de iluminancia media en servicio con mantenimiento de la instalación sobre la superficie limpia iluminada con lámparas de incandescencia.
Coeficientes multiplicadores de corrección para lámparas de halogenuros metálicos (H.M.), vapor de mercurio (V.M.), de vapor de sodio a alta presión (S.A.P.), y a baja presión (S.B.P.), así como para el estado de limpieza de la superficie iluminada.

En cualquier caso, habrá que tenerse en cuenta la protección contra contaminación luminosa establecida en la TC-EA-03.

■ **Alumbrado para vigilancia y seguridad nocturna.** En este caso será el factor de reflexión de la fachada (ρ) quien acote la Iluminancia media:

Niveles de iluminancia media en alumbrado para vigilancia y seguridad nocturna (ITC-EA-02)

Factor de reflexión Fachada Edificio		Iluminancia Media E_m(lux)[1]	
		Vertical en Fachada[2]	Horizontal en inmediaciones
Muy clara	$\rho = 0{,}60$	1	1
Normal	$\rho = 0{,}30$	2	2
Oscura	$\rho = 0{,}15$	4	4
Muy oscura	$\rho = 0{,}075$	8	8

(1) Los niveles de la tabla son valores mínimos en servicio con mantenimiento de la instalación de alumbrado.
(2) La iluminancia media vertical solo se considerará hasta una altura de 4 m desde el suelo.

■ **Alumbrado de señales y tipos variados de rótulos luminosos.** Tendrán los siguientes valores máximos admisibles de Luminancia:

Niveles de luminancia máxima en señales y anuncios luminosos (ITC-EA-02)

Superficie (m²)	Luminancia Máxima (cd/m²)
S ≤ 0,5	1.000
0,5 < S ≤ 2	800
2 < S ≤ 10	600
S > 10	400

Igualmente habrá que tenerse en cuenta la protección contra contaminación luminosa establecida en la TC-EA-03.

En el caso particular del alumbrado vial, el nivel de iluminación depende de múltiples factores como el tipo de vía, la complejidad de su trazado, la intensidad y sistema de control del tráfico y la separación entre carriles, entre otros.

En función de esto las vías se dividen en grupos, cada una con unos requisitos fotométricos específicos.

 Aplicación práctica

Durante la fase de ejecución de un vial húmedo del tipo A, el encargado comenta con el jefe de obra que sería totalmente equivalente poner un alumbrado MEW1 que un MEW2 puesto que la normativa exige los mismos parámetros mínimos para ambas luminarias. También afirma que, según dicha norma, la uniformidad global mínima de la calzada variará. El jefe de obra, con poca experiencia aún, prefiere no responder y documentarse al respecto. ¿A qué documento deberá recurrir para ello y qué opina sobre lo manifestado aquel día?

Nota: para realizar este ejercicio se adjunta la siguiente tabla.

| Clase de alumbrado | Luminancia de la superficie de la calzada en condiciones secas y húmedas | | | | Deslumbr. perturbador | Iluminación de alrededores |
| | Calzada seca | | | Calzada húmeda | | |
	Luminancia media L_m (cd/m²)	Uniformidad Global U_o (mínima)	Uniformidad Longitudinal U_l (mínima)	Uniformidad Global U_o (mínima)	Incremento Umbral π (%) (máximo)	Relación Entorno SR (mínima)
MEW1	2,00	0,40	0,60	0,15	10	0,50
MEW2	1,50	0,40	0,60	0,15	10	0,50
MEW3	1,00	0,40	0,60	0,15	15	0,50
MEW4	0,75	0,40	Sin requisitos	0,15	15	0,50
MEW5	0,50	0,35	Sin requisitos	0,15	15	0,50

SOLUCIÓN

Sobre alumbrado vial habrá de consultarse la Instrucción Técnica Complementaria para Alumbrado Exterior ITC-EA, donde se establecen los parámetros mínimos para cada tipo de vía o situación en general.

Continúa en página siguiente >>

<< Viene de página anterior

En dicho documento se incluye la Tabla: 'Tipo de Alumbrado MEW para viales húmedos tipos A y B' que es la que aquí también se adjunta como dato. En ella se detecta de inmediato que, si bien las diversas uniformidades y la Relación Entorno SR mínimos así como el Incremento de Umbral TI máximo coinciden, la luminancia media será mayor para el tipo MEW1 (2,00 cd/m²) que para el MEW2 (1,50 cd/m²) por lo que el encargado estaba en un error.

Sí está en lo cierto, sin embargo, cuando afirma que la Uniformidad Global mínima variará notablemente si el pavimento está húmedo o seco. En concreto, para pavimentos secos será de 0,4 y para secos de 0,15.

5. Calificación energética de las instalaciones

El Reglamento de Eficiencia Energética de Instalaciones de Alumbrado Exterior indica que la calificación energética de la instalación es obligatoria, en el capítulo 2 de este manual se indicaron estos artículos.

Para calificar energéticamente la instalación usamos como factor de referencia el índice de eficiencia energética de las mismas.

Recuerde

El índice de eficiencia energética se define como la división entre la eficiencia energética de la instalación y la eficiencia energética de referencia, que depende del nivel de iluminancia medio en servicio proyectada. La fórmula del índice de eficiencia energética sería la siguiente:

▮ $I_\varepsilon = \varepsilon / \varepsilon R$
▮ I_ε = índice de eficiencia energética.
▮ ε = eficiencia energética de la instalación.
▮ εR = eficiencia energética de referencia.

La siguiente tabla muestra los valores de eficiencia energética de referencia según se definen en la modificación de la Instrucción Técnica Complementaria EA-01.

Valores de eficiencia energética de referencia (ε_R) en instalaciones de alumbrado vial funcional y ambiental			
Alumbrado vial funcional		**Alumbrado vial ambiental y otras instalaciones de alumbrado**	
Iluminancia Media en Servicio Proyectada Em (lux)	Eficiencia Energética de Referencia $\varepsilon_R = (m^2 \cdot lux / W)$	Iluminancia Media en Servicio Proyectada Em (lux)	Eficiencia Energética de Referencia $\varepsilon_R = (m^2 \cdot lux / W)$
≥ 30	68	-	-
25	60	-	-
20	52	≥ 20	36
15	44	15	30
10	36	10	24
$\leq 7,5$	28	7,5	18
-	-	≤ 5	12

Nota. Para valores de iluminancia media proyectada comprendidos entre los valores indicados en la tabla, la eficiencia energética de referencia se obtendrá por interpolación lineal.

Recuerde

Alumbrado vial funcional es el utilizado en vías de alta y moderada velocidad.

Alumbrado vial ambiental es el que se utiliza en carriles bici, vías de baja velocidad y vías peatonales.

 **Nota**

La iluminancia media en servicio proyectada se fija en la fase de proyecto en la que se define el tipo de alumbrado que tendrá la instalación.

Por tanto, si la iluminancia media en servicio proyectada para un alumbrado de tipo vial funcional es de 15 lux, el valor de la eficiencia energética de referencia que se deberá tomar será de 23 m² lux/W.

Sin embargo, para seguir el mismo criterio que en otros reglamentos y para facilitar la comprensión e interpretación de los valores de la calificación energética, se define el **índice de consumo energético,** que es el inverso del índice de eficiencia energética:

$$ICE = 1/ I\varepsilon$$

- ICE = índice de consumo energético
- Iε = índice de eficiencia energética

Este índice de consumo energético se utiliza para crear una etiqueta que determina el consumo de energía de la instalación. Esta etiqueta presenta 7 categorías, teniendo cada una de ellas una letra que va desde la A hasta la G, siendo la A las más eficiente energéticamente y la G la menos eficiente.

Para cada tipo de categoría y, por tanto, letra se determina unos valores de eficiencia energética, entre los que se sitúa cada categoría.

Los valores vienen determinados por Instrucción Técnica Complementaria EA-01 y son los siguientes:

CALIFICACIÓN ENERGÉTICA

Calificación energética	Índice de consumo energético (ICE)	Índice de eficiencia energética (Iε)
A	ICE < 0,91	Iε > 1,1
B	0,91 ≤ ICE < 1,09	1,1 ≥ Iε > 0,92
C	1,09 ≤ ICE < 1,35	0,92 ≥ Iε > 0,74
D	1,35 ≤ ICE < 1,79	0,74 ≥ Iε > 0,56
E	1,79 ≤ ICE < 2,63	0,56 ≥ Iε > 0,38
F	2,63 ≤ ICE < 5,00	0,38 ≥ Iε > 0,20
G	ICE ≥ 5,00	Iε ≤ 0,20

De acuerdo con la ITC-EA01:

Con objeto de facilitar la interpretación de la calificación energética de la instalación de alumbrado y en consonancia con lo establecido en otras reglamentaciones, se define una etiqueta de eficiencia energética que caracteriza el consumo de energía de la instalación mediante la escala de siete letras que va desde la letra A (instalación más eficiente y con menos consumo de energía) a la letra G (instalación menos eficiente y con más consumo de energía).

La etiqueta deberá ser conforme al formato normalizado con objeto de permitir un mejor reconocimiento por parte de los usuarios, e incluirá como mínimo, la siguiente información:

a. *Identificación de la instalación.*

b. *Localidad y calles donde se ubique la instalación.*

c. *Horario de funcionamiento previsto.*

d. *Consumo de energía anual (kWh/año) previsto.*

e. *Emisiones de dióxido de carbono anuales previstas (kgCO2/año) la eficiencia energética (ε).*

f. *la calificación energética de la instalación expresada mediante el índice de eficiencia energética (Iε), medido.*

g. *Iluminación media en servicio Em (lux).*

h. *Uniformidad (%).*

La etiqueta de la calificación energética de la instalación deberá ir en un sitio visible del interior y, de forma indeleble, en el exterior del cuadro de protección, medida y control. La

*etiqueta que se colocará en el exterior será una reproducción de la del interior y tendrá
las siguientes características:*

a. *Será de metal.*

b. *Será fácilmente legible.*

c. *Irá fijada directamente al exterior del cuadro.*

d. *Medirá 110 mm de ancho y 220 mm de alto.*

e. *Tendrá el estilo definido más abajo en los puntos del 1 al 6.*

f. *Será fácilmente sustituible.*

*Cuando el cuadro alimente a varios circuitos con diferentes eficiencias energéticas, la
calificación energética de la instalación se determinará como el resultado de ponderar,
por la superficie total iluminada, el valor de la eficiencia energética de cada uno de los
circuitos dependientes del cuadro, figurando este único valor resultante en la etiqueta
energética. Este criterio será aplicable para el etiquetado energético en reformas o
modificaciones parciales sobre los circuitos del cuadro de protección, medida y control.*

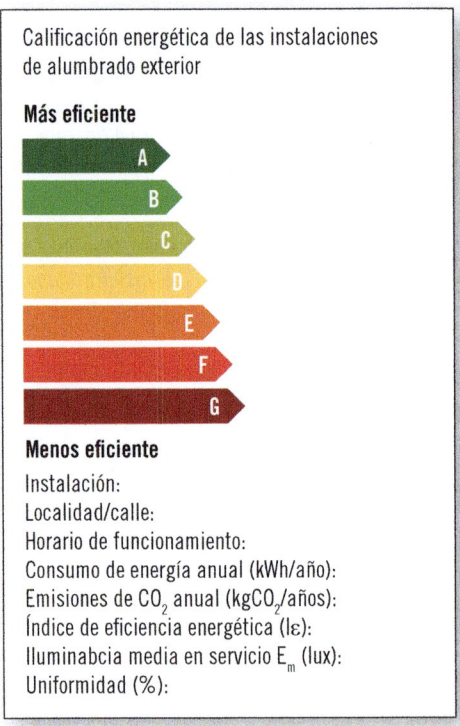

*Etiqueta de calificación energética de la instalación. El consumo de
energía anual y las emisiones de CO^2 anuales son valores definidos en
las caracterísiticas técnicas de cada instalación.*

Aplicación práctica

El próximo encargo que ha recibido consiste en determinar la calificación energética de dos instalaciones de alumbrado exterior. Estas instalaciones son las siguientes:

Alumbrado tipo 1: instalación de alumbrado de tipo funcional con una Iluminancia media en servicio proyectada (Em) de 32 lux y con una eficiencia energética (ε) de 40 m² lux/W.

Alumbrado tipo 2: instalación de alumbrado de tipo ambiental con una Iluminancia media en servicio proyectada (Em) de 7,5 lux y con una eficiencia energética (ε) de 5 m² lux/W.

Determine la calificación energética de cada una de ella. ¿Cuál de ellas es la más eficiente? ¿Por qué?

SOLUCIÓN

Para determinar la calificación energética es necesario calcular el índice de consumo energético. En función de este valor, se determina la calificación energética. Este índice es el inverso del índice de eficiencia energética:

$$ICE = 1 / I\varepsilon$$

El índice de eficiencia energética se obtiene dividiendo la eficiencia energética de la instalación entre la eficiencia energética de referencia, que depende de la iluminancia media en servicio proyectada.

La iluminancia en servicio proyectada se obtiene consultando las tablas anteriores, según sea alumbrado funcional o ambiental. Para esta aplicación, son los siguientes valores:

Alumbrado tipo 1: Iluminancia media en servicio proyectada (Em) de 32 lux, que corresponde a una eficiencia energética de referencia de 32 m² lux/W (εR).

Alumbrado tipo 2: Iluminancia media en servicio proyectada (Em) de 7,5 lux, que corresponde a una eficiencia energética de referencia de 7 m² lux/W (εR).

Los índices de eficiencia energética serán los siguientes:

Alumbrado tipo 1: I ε = ε/ εR = 40 / 32 = 1,25
Alumbrado tipo 2: I ε = ε / εR = 5 / 7 = 0,71

Continúa en página siguiente >>

<< Viene de página anterior

El índice de consumo energético es el siguiente:

Alumbrado tipo 1: ICE = 1 / I ε = 1 / 1,25 = 0,8
Alumbrado tipo 2: ICE = 1 / I ε = 1 / 0,71 = 1,41

Con estos índices de consumo energético se obtiene la calificación energética consultando las tablas anteriores.

Alumbrado tipo 1: ICE = 0,8; Calificación energética: A
Alumbrado tipo 2: ICE = 1,41; Calificación energética: D

Por tanto, el alumbrado tipo más eficiente energéticamente es el alumbrado tipo 1, puesto que tiene una calificación energética A, superior a la del alumbrado tipo 2, que tiene una calificación energética D.

6. Factor de potencia

En una instalación eléctrica, el factor de potencia da una idea del aprovechamiento real de la energía. Por tanto, el factor de potencia indica la cantidad de energía que se convierte en trabajo o energía útil.

FACTOR DE POTENCIA = TRABAJO / ENERGÍA SUMINISTRADA

El trabajo o energía útil nunca puede ser mayor que la energía suministrada, y por tanto, el factor de potencia podrá tomar valores entre 0 y 1.

El valor óptimo e ideal, sería un Factor de Potencia 1, que indicaría que toda la energía que se ha suministrado se ha convertido en trabajo útil. Sin embargo, si el factor de potencia es menor que 1 indica que hay mayor consumo de energía para producir un trabajo útil.

6.1. Potencia aparente, potencia activa y potencia reactiva

Para exponer rigurosamente el factor de potencia es necesario previamente definir tres conceptos importantes:

- **Potencia aparente (S):** es la potencia suministrada a la instalación eléctrico. En el caso del alumbrado eléctrico sería la potencia eléctrica que se suministra desde la compañía eléctrica correspondiente.
- **Potencia activa (P):** es la potencia que consume la carga eléctrica que se encuentra en el circuito. En el caso de una instalación de alumbrado exterior, sería la potencia eléctrica que consume la lámpara en su funcionamiento.
- **Potencia reactiva (Q):** es aquella cuya consecuencia no es un trabajo físico directo en los equipos eléctricos correspondientes pero su presencia es necesaria para un correcto funcionamiento de los mismos. Por ejemplo en lámparas de descarga, la potencia reactiva es la encargada de iniciar la descomposición de los gases de su interior. Pero hay que tener en cuenta que los efectos de la potencia reactiva son un desaprovechamiento de la energía y una sobrecarga en la red de distribución correspondiente.

Para representar el factor de potencia asociado a estas magnitudes se usa la siguiente figura:

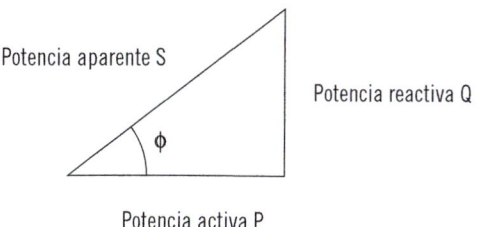

Potencia aparente S

Potencia reactiva Q

φ

Potencia activa P

Y expresamos el factor de potencia (FDP) como:

$$F.D.P. = \cos(\phi) = P / S$$

Actividades

6. ¿Puede ser la potencia activa mayor que la potencia aparente?

Por tanto, y tal y como se vio al inicio del apartado el factor de potencia indica que parte de la energía suministrada (potencia aparente) se ha convertido en energía útil o iluminación en el caso que ocupa (potencia activa).

6.2. Corrección del factor de potencia

Tal y como se ha estudiado, es importante que el valor del factor de potencia sea 1 o cercano a 1, ya que eso indicaría un óptimo aprovechamiento de la energía eléctrica suministrada.

Destacar que ese desaprovechamiento eléctrico, está gravado por las compañías eléctricas con sanciones económicas, y nunca se permitirá una instalación con un Factor de Potencia inferior a 0,9.

Para cumplir este objetivo lo ideal sería el uso de **tecnología LED** que tiene un FDP mayor a 0,9. Pero el uso generalizado de lámparas de descarga en el alumbrado exterior, hace difícil cumplir ese requerimiento en las Instalaciones, y por tanto es necesario disponer una serie de elementos en las instalaciones que ayuden a corregir dicho factor de potencia.

Corrección en lámparas de descarga

Los elementos usados para corregir el factor de potencia en las lámparas de descarga son los **condensadores.** Su función es disminuir la porción de energía reactiva que consume la lámpara y así conseguir el FDP adecuado.

Dado que las lámparas de descarga no son únicas, sino que tienen distintas tipologías y potencias, el condensador que se debe elegir para su corrección es diferente. A continuación se muestra a modo de ejemplo una tabla en la que se observa la capacidad que deben tener los condensadores a colocar en lámparas de descarga fluorescentes y de vapor de mercurio para que su factor de potencia sea mayor a 0,9. La capacidad de los condensadores se mide en µF (microfaradios).

Potencia W	Capacidad µF	Intensidad sin capacidad A	Intensidad con capacidad A	Factor logrado err 0,05
Tubos fluorescentes				
18/ 20	4	0,32	0,14	0,94
30 / 32	5	0,39	0,19	0,99
36 / 40	5	0,44	0,23	0,98
58 / 65	7,5	0,65	0,35	1
Vapor de mercurio (V.M.)				
50	7	0,60	0,32	0,99
80	8,5	0,8	0,5	0,98
125	12	1,15	0,79	1
250	21	2,15	1,59	1
400	29	3,25	2,55	0,98
700	45	5,45	4,45	0,97
1000	57	7,5	6,36	0,97
2000	100	8	6,8	0,99

 Aplicación práctica

Se pide que se realice la elección entre dos alternativas de alumbrado para una calle de una ciudad. El criterio de elección será el factor de potencia medio de la instalación. Se permite utilizar elementos auxiliares para corregir el factor de potencia.

Continúa en página siguiente >>

<< Viene de página anterior

Opción 1:

- 10 lámparas de vapor de mercurio de 80 Watios.
- 5 lámparas de vapor de mercurio 400 Watios.

Opción 2:

- 7 lámparas de vapor de mercurio de 50 Watios.
- 2 lámparas de vapor de mercurio de 1000 Watios.

¿Qué elementos usaría en cada caso para corregir el factor de potencia?

¿Cuál sería la elección siguiendo el criterio de elección del mayor factor de potencia?

SOLUCIÓN

(*) El elemento usado para la corrección del factor de potencia serán los condensadores. La capacidad dependerá del tipo de lámpara:

- Lámpara de 80 W: 8,5 μF.
- Lámpara de 400 W: 29 μF.
- Lámpara de 50 W: 7 μF.
- Lámpara de 1000 W: 57 μF.

(*) Para elegir la opción vamos a hallar el factor de potencia medio de cada opción:

OPCIÓN 1:

- 10 lámparas de 80 W –> FDP = 0,98
- 5 lámparas de 400 W –> FDP = 0,98

Primero, se halla la potencia activa total como suma de las potencias de las lámparas:

Ptotal = 10 x 80 + 5 x 400 = 2800 W

A continuación, se halla la potencia aparente de cada una de las lámparas:

FDP = P / S
Por tanto, S = P / FDP
S (lámpara 80 W) = 80 / 0,98 = 81,63 W
S (lámpara 400 W) = 400 / 0,98 = 408,63 W

Continúa en página siguiente >>

<< Viene de página anterior

Stotal $= 10 * 81,63 + 5 \cdot 408,63 = 2124,78$ W
FDP (GLOBAL) = 2800 / 2859,45 = 0,98

OPCIÓN 2:

7 lámparas de 50 W –> FDP $= 0,99$
2 lámparas de 1000 W –> FDP $= 0,97$

Primero, se halla la potencia activa total como suma de las potencias de las lámparas:

Ptotal $= 7 \times 50 + 2 \times 1000 = 2350$ W

A continuación, se halla la potencia aparente de cada una de las lámparas:

FDP $=$ P / S
Por tanto, S $=$ P / FDP
S (lámpara 50 W) $= 50 / 0,99 = 50,51$ W
S (lámpara 1000 W) $= 1000 / 0,97 = 1030,93$ W
Stotal $= 7 \cdot 50,51 + 2 * 1030,93 = 2415,43$ W
FDP (GLOBAL) = 2350 / 2415,43 = 0,973

Al ser el FDP de la primera opción mayor, se seleccionará la primera opción.

7. Simultaneidad

La **simultaneidad** indica el porcentaje de cargas que se estima que estarán conectadas a la red en un mismo momento. Dicho porcentaje en el caso de instalaciones de alumbrado exterior se suele tomar como 1, ya que en la mayoría de los casos todas las lámparas se encienden y apagan a la vez.

Por tanto, a la hora de realizar el dimensionamiento eléctrico de una red de alumbrado público se ha de sumar la potencia de todas las lámparas.

Pueden existir casos en los que por diversas circunstancias se prevea que no todas las lámparas funcionen a la vez, porque se pretende iluminar ciertas zonas rotativamente por ejemplo. En estos casos se aplicará un coeficiente de simultaneidad que indicará el porcentaje de lámparas que se prevea que estarán encendidas sobre el total de la instalación.

8. Eficiencia de los sistemas de automatización

Los sistemas de automatización de las instalaciones de alumbrado público se hacen necesarios para lograr el funcionamiento eficiente de la instalación.

8.1. Funciones principales de los sistemas de automatización

Las funciones básicas de los sistemas de automatización que influyen de manera fundamental en la eficiencia de la instalación de alumbrado público son dos:

- **Controlar y programar el funcionamiento de las lámparas.** El sistema enciende las lámparas en caso de ser necesario, y varía el horario de encendido en función de las duraciones del día y la noche. Los sistemas también pueden reducir la potencia de las lámparas en función del alumbrado que se requiera en el área a iluminar. Este hecho hace que se haga un uso eficiente de la iluminación artificial y el correspondiente ahorro económico por la reducción de horas de funcionamiento en periodos de días más largos.
- **Verificar el funcionamiento correcto de la instalación.** Mediante una serie de alarmas el sistema avisa si existe algún problema en alguno de los puntos de luz. Si ese aviso no se produjera el punto de luz seguiría con dicho problema sin que nadie se percatara, y podría dar lugar a un mayor consumo eléctrico.

Actividades

7. ¿Qué puede indicar si en una instalación de alumbrado exterior crece de manera anormal el consumo energético si dicha instalación no se ha modificado?

Además de estas dos funciones, dado que los sistemas de automatización, entre ellos la telegestión, son cada vez más avanzados, sus funciones son más amplias.

Así, por ejemplo, estos sistemas también añaden entre sus funciones la garantía de seguridad siendo capaces de distinguir entre una avería de una lámpara proveniente de un fallo eléctrico o una avería provocada por un acto vandálico.

 Actividades

8. Investigue si el alumbrado público de su ciudad tiene sistemas de automatización. ¿Cree que son eficientes?

8.2. Beneficios principales de los sistemas de automatización

Los principales beneficios que aporta un sistema de automatización de alumbrado público son:

- **Ahorro en el consumo de energía.** Dicho ahorro se estima por algunos fabricantes de sistemas de automatización que puede llegar a ser hasta del 60 %. Ello conlleva también un enorme ahorro económico.
- **Ahorro en gastos de mantenimiento.** Dado que se tiene controlada al momento cualquier avería, se puede evitar que la misma afecte en mayor medida a la instalación. El ahorro en esta partida se estima que puede ser de hasta el 80 %.
- **Respeto por el medio ambiente al reducirse el consumo de energía.** Por otro lado se hace un uso optimizado del alumbrado artificial lo que reduce de manera importante la contaminación lumínica.

9. Mantenimiento de la eficiencia energética de las instalaciones

Las instalaciones de alumbrado exterior se deterioran a medida que pasa el tiempo. Por ello, para asegurar el funcionamiento correcto de las mismas y lograr una óptima eficiencia energética, se debe realizar una correcta explotación y un mantenimiento adecuado.

Al estar las instalaciones de alumbrado exterior a la intemperie y sometidas a los agentes atmosféricos, se producirá el ensuciamiento de las lámparas y del sistema óptico de la luminaria, y el envejecimiento de sus componentes, así como un progresivo descenso del flujo emitido. Su ubicación las hace, además, fácilmente accesibles y susceptibles de sufrir desperfectos mecánicos debidos a accidentes de tráfico, actos de vandalismo, etc.

Por tanto y teniendo en cuentan el papel que desempeñan en materia de seguridad vial así como de las personas y los bienes, en las instalaciones de alumbrado exterior el mantenimiento se convierte en algo vital y primordial. Sin dicho mantenimiento las noches sin luz podrían ser habituales lo que provocaría una reducción de la seguridad tanto vial como de las personas.

El Reglamento de Eficiencia Energética de Instalaciones de Alumbrado (Real Decreto 1890/2008, de 14 de noviembre, por el que se aprueba el Reglamento de eficiencia energética en instalaciones de alumbrado exterior y sus Instrucciones técnicas complementarias EA-01a EA-07), incluye en su **Artículo 12** la información referente al mantenimiento de la eficiencia energética de las instalaciones.

Según dicho artículo:

> *1. Los titulares de las instalaciones deberán mantener en buen estado de funcionamiento sus instalaciones, utilizándolas de acuerdo con sus características y absteniéndose de intervenir en las mismas para modificarlas.*

En este punto se define unívocamente a los titulares de la instalación como responsables del mantenimiento de la misma. Las labores de limpieza de luminarias y sustitución de lámparas averiadas podrán ser realizadas por dicho titular o una subcontrata. Sin embargo, las mediciones eléctricas y luminotécnicas que indica el plan de mantenimiento no las podrá realizar el titular. Las mismas serán realizadas por un instalador autorizado de baja tensión.

> *2. La gestión del mantenimiento de las instalaciones exigirá el establecimiento de un registro de las operaciones llevadas a cabo, que se ajustará a lo dispuesto en la ITC-EA-06.*

Se hace referencia al registro de operaciones de mantenimiento que se deberán realizar en la instalación. Dichas operaciones están recogidas en el reglamento en su Instrucción Técnica Complementaria ITC-EA-06. Dicho instalador autorizado deberá tener un registro en el que se indiquen los resultados de las mediciones que se realicen.

La ITC-EA-06 indica que en dicho registro se numerarán correlativamente las operaciones de mantenimiento de la instalación y que deberá figurar como mínimo la siguiente información:

> *a. El titular de la instalación y la ubicación de esta.*
>
> *b. El titular del mantenimiento.*
>
> *c. El número de orden de la operación de mantenimiento preventivo en la instalación.*
>
> *d. El número de orden de la operación de mantenimiento correctivo.*
>
> *e. La fecha de ejecución.*
>
> *f. Las operaciones realizadas y el personal que las realizó.*

Además, con objeto de facilitar la adopción de medidas de ahorro energético, se registrará:

> *g. Consumo energético anual.*
>
> *h. Tiempos de encendido y apagado de los puntos de luz.*
>
> *i. Medida y valoración de la energía activa y reactiva consumida, con discriminación horaria y factor de potencia.*
>
> *j. Niveles de iluminación mantenidos.*

La ITC también indica que el registro se realizará por duplicado, entregando una copia al titular de la instalación. Destacar que dichos documentos se deberán guardar durante el periodo de cinco años contados desde la fecha de ejecución de la correspondiente operación de mantenimiento.

> *3. Todas las instalaciones deberán disponer de un plan de mantenimiento que comprenderá fundamentalmente las reposiciones masivas de lámparas, las operaciones de limpieza de luminarias y los trabajos de inspección y mediciones eléctricas. La programación de los trabajos y su periodicidad, se ajustarán al factor de mantenimiento adoptado, según lo establecido en la ITC-EA-06.*

En este punto se define el plan de mantenimiento que deberá tener la instalación, haciendo referencia de nuevo a la instrucción técnica para averiguar la programación y periodicidad de los trabajos de mantenimiento. Estas operaciones de mantenimiento se describen en el proyecto o memoria técnica de diseño.

> *4. Al objeto de disminuir los consumos de energía eléctrica en los alumbrados exteriores, el titular de la instalación llevará a cabo, como mínimo una vez al año, un análisis de los consumos anuales y de su evolución, para observar las desviaciones y corregir las causas que las han motivado durante el mantenimiento periódico de la instalación.*

El titular, con el objetivo de reducir el consumo de energía deberá analizar los consumos anuales y ver su evolución. Si se observara alguna desviación importante se deberá estudiar la causa de la misma y corregirla.

> *5. En las instalaciones de alumbrado exterior será necesario disponer de un registro fiable de su componentes incluyendo las lámparas, luminarias, equipos auxiliares, dispositivos de regulación del nivel luminoso, sistemas de accionamiento y gestión centralizada, cuadros de alumbrado, etc.*

Las instalaciones dispondrán de un documento que incluya todos sus componentes. Este documento es fundamental a la hora de realizar cualquier operación de mantenimiento.

Actividades

9. ¿Cuál cree que es la razón de que en las operaciones de mantenimiento sea tan importante el registro de las mismas?

10. Resumen

La eficiencia energética debe medirse o cuantificarse. Para realizar esta función se usan los aparatos de medida y con dichos aparatos se ejecutan las mediciones de iluminación.

Los resultados de estas mediciones ayudan a cuantificar la eficiencia energética de la instalación.

Para que la instalación sea eficiente, hay valores límite en cuanto pérdidas de equipos auxiliares y factor de potencia, que pueden incluso conllevar sanciones económicas por parte de la compañía suministradora de energía eléctrica.

Es importante el empleo de sistemas de automatización en las instalaciones de alumbrado exterior, ya que hacen que el funcionamiento del alumbrado sea óptimo, y se traduce en reducción de gasto de energía y mantenimiento.

Dicho mantenimiento debe hacerse siempre teniendo en cuenta el ITC-EA-6 del Reglamento de Eficiencia Energética de Alumbrado Exterior.

Ejercicios de repaso y autoevaluación

1. **De las siguientes afirmaciones, indique cuál es verdadera o falsa.**

    a. El espectrómetro mide la iluminancia real.

       ☐ Verdadero
       ☐ Falso

    b. La esfera de Ulbricht mide la intensidad del flujo luminoso.

       ☐ Verdadero
       ☐ Falso

    c. El luminancímetro mide la iluminancia.

       ☐ Verdadero
       ☐ Falso

    d. El luxómetro mide la luminancia.

       ☐ Verdadero
       ☐ Falso

2. **Complete la siguiente oración.**

    La medición de la _____ eléctrica consumida por la instalación se medirá mediante un analizador de potencia _____ con un error no mayor al _____. Además, en dicho proceso se medirá paralelamente la tensión de _____ para valorar su desviación respecto a la tensión _____.

3. **¿Cuándo resultará necesario medir la luminancia media de la instalación?**

    _____
    _____
    _____
    _____

4. ¿Cuál es la fórmula para el Umbral de Percepción TI?

      a. $TI = 65 \times Lv / (Lm)^{0,8}$
      b. $TI = 15,3 + (n - 21) * 0,5$
      c. $TI = L / 2$
      d. $TI = 35 \times Lv / (Lm)^{3,8}$

5. A grandes rasgos, ¿cómo calcularía la relación entorno SR de forma teórica?

_____
_____
_____
_____

6. Complete la siguiente oración.

Un modo de calcular la _____ energética en alumbrado exterior es mediante el producto de 3 factores: factores de _____, de_____de la instalación y la eficiencia de _____y equipos auxiliares.

7. ¿De cuál de los siguientes parámetros NO depende el factor de mantenimiento de una instalación?

      a. Tipología de lámpara.
      b. Tipo de cierre de la luminaria.
      c. Naturaleza de la zona en la que esté la luminaria.
      d. Coste de la lámpara.

8. ¿Qué valor suele tener el factor de simultaneidad en una instalación de alumbrado exterior? ¿Por qué?

_____
_____
_____
_____

9. ¿Cuál es el factor de potencia mínimo permitido en este tipo de instalaciones?

_____
_____
_____
_____

10. Nombre las funciones básicas de los sistemas de automatización que influyen de manera fundamental en la eficiencia de la instalación de alumbrado público.

_____
_____
_____
_____

11. De las siguientes afirmaciones, indique cuál es verdadera o falsa.

a. El responsable del mantenimiento de la instalación de alumbrado público es la empresa instaladora.

☐ Verdadero
☐ Falso

b. El factor de mantenimiento solo depende del FDRS.

☐ Verdadero
☐ Falso

c. La ITC-EA-06 trata sobre el mantenimiento de la eficiencia energética de la instalación de alumbrado exterior.

☐ Verdadero
☐ Falso

d. El grado de contaminación alto se aplica en vías de tráfico rodado de intensidad muy alta.

☐ Verdadero
☐ Falso

12. ¿Qué labores de mantenimiento tiene que realizar un instalador autorizado de baja tensión?

_____

_____

_____

_____

13. ¿Qué valor se utiliza para crear la etiqueta de calificación energética de la instalación?

_____

_____

_____

_____

14. ¿Qué potencia se traduce en un desaprovechamiento de la energía y una sobrecarga en la red?

_____

_____

_____

_____

15. ¿Qué beneficios produce un sistema de automatización?

_____

_____

_____

_____

Bibliografía

Monografías

I GARCÍA Placín, C.: *El nuevo Código Técnico de la Edificación. HE. 3 Eficiencia ener-gética de las instalaciones de iluminación.* Comité español de iluminación. Santiago de Compostela, 2006.

I GARCÍA Sanz, M. P.: *Iluminación en el puesto de trabajo. Criterios para su evaluación y funcionamiento.* Centro nacional de nuevas tecnologías. Madrid.

I *Guía Técnica de Eficiencia Energética en Iluminación.* Centros docentes. IDAE (Insti-tuto para la Diversificación y Ahorro de la Energía). Madrid, 2001.

I *Guía Técnica de Eficiencia Energética en Iluminación. Hospitales y centros de aten-ción primaria.* IDAE (Instituto para la Diversificación y Ahorro de la Energía). Madrid, 2001.

I *Guía Técnica de Eficiencia Energética en Iluminación. Oficinas.* IDAE (Instituto para la Diversificación y Ahorro de la Energía). Madrid, 2001.

I *Guía Técnica para el Aprovechamiento de la Luz Natural en la Iluminación de Edifi-cios.* IDAE (Instituto para la Diversificación y Ahorro de la Energía). Madrid, 2005.

Legislación

▎ Real Decreto-ley 18/2022, de 18 de octubre, por el que se aprueban medidas de refuerzo de la protección de los consumidores de energía y de contribución a la reducción del consumo de gas natural en aplicación del "Plan + seguridad para tu energía (+SE)", así como medidas en materia de retribuciones del personal al servicio del sector público y de protección de las personas trabajadoras agrarias eventuales afectadas por la sequía; se incluye una modificación del ITC-EA-01.

▎ Real Decreto 450/2022, de 14 de junio, por el que se modifica el Código Técnico de la Edificación, aprobado por el Real Decreto 314/2006, de 17 de marzo.

▎ UNE-EN 12193:2020. Iluminación. Iluminación de instalaciones deportivas.

▎ UNE-EN 12464-1:2003-> UNE-EN 12464-1:2022 Luz e iluminación. Iluminación de los lugares de trabajo. Parte 1: Lugares de trabajo en interiores.

▎ Real Decreto 1890/2008, de 14 de noviembre, por el que se aprueba el Reglamento de eficiencia energética en instalaciones de alumbrado exterior y sus Instrucciones técnicas complementarias EA-01 a EA-07.

▎ Real Decreto 486/1994, de 14 de abril, sobre disposiciones mínimas de seguridad y salud en los lugares de trabajo.

▎ UNE-EN 12464-1:2022. Iluminación de los lugares de trabajo. Parte 1: lugares de trabajo interiores.

Textos electrónicos, bases de datos y programas informáticos

▎ Ministerio de Industria, Energía y Turismo, de: <http://www.ipyme.org>.

▎ ONU, Programa para el medio ambiente: Convenio de Minamata sobre el Mercurio - Textos y anexos, de: <https://minamataconvention.org/es/resources/convenio-de-minamata-sobre-el-mercurio-textos-y-anexos>.